essentials

essentials liefern aktuelles Wissen in konzentrierter Form. Die Essenz dessen, worauf es als „State-of-the-Art" in der gegenwärtigen Fachdiskussion oder in der Praxis ankommt. *essentials* informieren schnell, unkompliziert und verständlich

- als Einführung in ein aktuelles Thema aus Ihrem Fachgebiet
- als Einstieg in ein für Sie noch unbekanntes Themenfeld
- als Einblick, um zum Thema mitreden zu können

Die Bücher in elektronischer und gedruckter Form bringen das Expertenwissen von Springer-Fachautoren kompakt zur Darstellung. Sie sind besonders für die Nutzung als eBook auf Tablet-PCs, eBook-Readern und Smartphones geeignet. *essentials:* Wissensbausteine aus den Wirtschafts-, Sozial- und Geisteswissenschaften, aus Technik und Naturwissenschaften sowie aus Medizin, Psychologie und Gesundheitsberufen. Von renommierten Autoren aller Springer-Verlagsmarken.

Weitere Bände in der Reihe http://www.springer.com/series/13088

Herbert Hunziker

Bondifaktoren

Ein natürlicher Zugang zur speziellen Relativitätstheorie

Herbert Hunziker
Oberentfelden, Schweiz

ISSN 2197-6708 ISSN 2197-6716 (electronic)
essentials
ISBN 978-3-658-32297-7 ISBN 978-3-658-32298-4 (eBook)
https://doi.org/10.1007/978-3-658-32298-4

Die Deutsche Nationalbibliothek verzeichnet diese Publikation in der Deutschen Nationalbibliografie; detaillierte bibliografische Daten sind im Internet über http://dnb.d-nb.de abrufbar.

Planung/Lektorat: Margit Maly
Springer Spektrum ist ein Imprint der eingetragenen Gesellschaft Springer Fachmedien Wiesbaden GmbH und ist ein Teil von Springer Nature.
Die Anschrift der Gesellschaft ist: Abraham-Lincoln-Str. 46, 65189 Wiesbaden, Germany

Was Sie in diesem *essential* finden können

- Wahrnehmung von Ereignissen, Perzeptronen als Modelle für künstliche, wahrnehmende Subjekte
- Beobachterabhängigkeit von Wahrnehmungen, Wahrnehmungsübermittlung zwischen Perzeptronen durch Bondifaktoren
- Eine auf Bondifaktoren basierende, vertiefende Einführung in die spezielle Relativitätstheorie (SRT)
- Bondifaktoren und Lorentztransformationen, Zeitdilatation, Längenkontraktion, relativistische Kinematik
- Grundlagen der relativistischen Mechanik

Für meine Frau Barbara.

Vorwort

Die Frage, wie die spezielle Relativitätstheorie zu vermitteln sei, wenn sich nicht Verwirrung, sondern Einsicht und Verständnis einstellen sollen, beschäftigt die Physikdidaktik seit langem. Mit der Publikation (Bondi 2012) *Relativity and Common Sense - A New Approach to Einstein* eröffnete Hermann Bondi in den sechziger Jahren des letzten Jahrhunderts einen neuartigen, originellen Zugang zur SRT. Auch Bondis Weg ist nicht ohne Mühe, er ist aber ausgesprochen natürlich und ermöglicht ein tiefes Verstehen der Grundideen von Einsteins Relativitätstheorie. Im Zentrum von Bondis Zugang stehen nicht die Lorentztransformationen, sondern die intuitiven Bondifaktoren, die nichts anderes als Dopplerfaktoren sind. Die vorliegende Einführung in die SRT zeigt auf, wie die grundlegenden Phänomene der relativistischen Kinematik und Dynamik auf direktem Weg aus dem Bondikalkül folgen und wie sich wichtige Beziehungen auf einsichtige Weise herleiten lassen. Eine einfache und klare Begriffsbildung verbunden mit einer sorgfältig gewählten, adäquaten Notation soll das Studium erleichtern.

Der Autor betrachtet die vorliegende Schrift als *„vertiefende Einführung in die SRT"*, eine Einführung für die ein Titel wie *„Relativitätstheorie im Schlaf"* angemessen wäre, war nicht beabsichtigt. Als ideale Leser und Leserinnen betrachtet der Autor jene, die bereits grundlegende Kenntnisse der SRT haben und die ihre Kenntnisse ausweiten und ihr Verständnis festigen wollen und er glaubt, dass der Bondikalkül dabei segensreich sein kann. Während Bondis Zugang zur SRT im angelsächsischen Raum weite Verbreitung gefunden hat, ist dieser im deutschsprachigen Raum noch immer wenig bekannt. Aus diesem Grund richtet sich die vorliegende, vertiefende Einführung in die SRT ausdrücklich auch an Physiklehrkräfte.

September 2020 H. Hunziker

Danksagung

Ich bedanke mich bei Dr. Thomas Hempfling vom Springer Verlag für die Unterstützung des Projektes und bei Frau Margit Maly, Editor für Physik und Astronomie bei Springer Spektrum, für die kompetente und konstruktive Zusammenarbeit.

Inhaltsverzeichnis

Über den Autor

Herbert Hunziker ist im oberen Teil des Ruedertals, im Kanton Aargau (Schweiz), aufgewachsen. Er besuchte dort den Grundschulunterricht in jenem Schulhaus, das durch Hermann Burgers Roman Schilten zu literarischem Weltruhm kam. Nach einer Berufslehre als Chemielaborant erwarb H. Hunziker den Eidgenössischen Maturitätsausweis auf dem zweiten Bildungsweg. Anschliessend studierte er an der Universität Zürich Mathematik und Physik und promovierte bei Hans Jarchow auf dem Gebiet der Funktionalanalysis. Danach arbeitete er während einiger Zeit in der Privatwirtschaft und fand dann seine Lebensstelle als Mathematiklehrer an der Alten Kantonsschule Aarau, an jener Schule, an der Albert Einstein im Herbst 1896 die Maturitätsprüfung erfolgreich ablegte. H. Hunziker beschäftigt sich seit langem mit Albert Einsteins Relativitätstheorie und dessen Biographie, insbesondere mit seinen vielfältigen Beziehungen zu Aarau.

30.09.2020

Herbert Hunziker
Oberentfelden, Schweiz
hb.hunziker@bluewin.ch

1 Wie die Welt in den Kopf gelangt

Albert Einstein (1879–1955) verbrachte sein letztes Gymnasialjahr 1895/1896 an der Aargauischen Kantonsschule in Aarau. Während dieser Zeit lebte er als Pensionär bei der Familie des Kantonsschulprofessors Jost Winteler (Abb. 1.1). Schon nach kurzer Zeit nannte er seine Gasteltern ganz vertraut Mammerl und Papa und zwischen ihm und der hübschesten Wintelertochter Marie entwickelte sich eine tiefe Liebesbeziehung. Jedoch schon kurz nachdem der junge Einstein im Herbst 1896 das Studium am Polytechnikum Zürich aufgenommen hatte, lernte er die drei Jahre ältere Mitstudentin Mileva Marić näher kennen und die beiden waren schon bald ein Liebespaar. Abrupt, rücksichtslos wurde die Aarauer Liebste im Stich gelassen. Ganz vergessen konnte der Untreue sein *Goldmariechen* allerdings nie. Am 15. September 1909 schreibt Albert Einstein, der in diesem Zeitpunkt längst mit Mileva, wenn auch unglücklich, verheiratet ist und kurz davor steht, seine erste akademische Stelle an der Universität Zürich als Professor für theoretische Physik anzutreten (Einstein 2018, S. 16):

> Liebste Marie,
>
> …Ich lebe immer noch in der Erinnerung an die wenigen Stunden, in denen mir das geizige Geschick Dich bescherte. Sonst ist mein Leben ein denkbar trauriges, was die private Seite anlangt. Ich entgehe der ewigen Sehnsucht nach Dir nur durch angestrengtes Arbeiten und Grübeln. …

1.1 Mind the gap!

Es ist nicht zu leugnen, wie nahe auch immer wir uns einem geliebten Menschen fühlen, wir bleiben stets von ihm getrennt, immer ist da eine Kluft, eine Kluft, die

H. Hunziker, *Bondifaktoren,* essentials,
https://doi.org/10.1007/978-3-658-32298-4_1

Abb. 1.1 Familie Winteler um 1900. (Quelle: (Rogger 2005, S. 23) (vorne links: Marie Winteler)

unüberwindbar ist. Was also lieben wir? Ist es tatsächlich das Gegenüber, oder ist es das Bild, das wir von diesem entwerfen? Ist es die Freude darüber, dass dieses Bild, zumindest scheinbar, weitgehend mit dem Gegenüber selbst korrespondiert? Oder lieben wir gar nur uns selbst und echte Liebe ist Illusion?

Wie können wir uns angesichts dieser Kluft, die uns von anderen Menschen, von allem ausserhalb des Ichs trennt, in der Welt zurecht finden? Wie können angemessene Bilder der Welt entstehen, wie können wir Naturvorgänge verstehen? Unsere Sinnesorgane vermitteln Eindrücke und Botschaften aus der Welt, die vorerst in einem gedanklichen Prozess geordnet und klassifiziert und als Einzelbilder im Gedächtnis abgespeichert werden. Aus diesen Einzelbildern konstruieren wir anschliessend ein gedankliches Modell der Welt. Ein Akt der Erkenntnis, der von jedem einzelnen, aber auch der gesamten Menschheit zu leisten ist. Nur allzu leicht neigen wir dazu, unsere Gedankenmodelle mit der Welt selbst gleichzusetzen, sie als vollkommen, als Realität einzustufen. Oft vergessen wir, dass jeder Mensch, jede Gesellschaft und jede Zeitepoche ein eigenes Bild der Realität entwirft. Andauernd werden Diskrepanzen zwischen den Gedankenmodellen und den Erscheinungen der Aussenwelt sichtbar, und wir sehen uns gezwungen, bis anhin bewährte Modelle zu hinterfragen und zu revidieren. Ein ungemein spannender Prozess, der niemals enden wird. In (Einstein 1952, S. 29) beschreibt Albert Einstein dieses andauernde menschliche Ringen um Erkenntnis.

> Es dürfte nicht schwer sein, sich darüber zu einigen, was wir unter Naturwissenschaft verstehen. Sie ist das jahrhundertealte Bemühen, durch systematisches Denken die wahrnehmbaren Erscheinungen dieser Welt durchgängig miteinander in Verbindung zu setzen. Um es kühn zu sagen, sie ist der Versuch einer nachträglichen Rekonstruktion alles Seienden im Prozesse der begrifflichen Erfassung.

1.2 Albert Einstein: Merkmale der Modellbildung

In den Naturwissenschaften steht die Modellbildung, auch Theoriebildung genannt, im Zentrum. Viele Gelehrte haben sich deshalb vertieft damit auseinander gesetzt, so auch Albert Einstein.

> (Einstein 1953, S. 150–151): Ein fertiges System der theoretischen Physik besteht aus Begriffen, Grundgesetzen, die für jene Begriffe gelten sollen, und aus durch logische Deduktion abzuleitenden Folgesätzen. Diese Folgesätze sind es, denen unsere Einzelerfahrungen entsprechen sollen; ...
>
> Die logisch nicht weiter reduzierbaren Grundbegriffe und Grundgesetze bilden den unvermeidlichen, rational nicht erklärbaren Teil der Theorie. Vornehmstes Ziel aller Theorie ist es, jene irreduziblen Grundelemente so einfach und so wenig zahlreich als möglich zu machen, ohne auf die zutreffende Darstellung irgendwelcher Erfahrungsinhalte verzichten zu müssen.

1.3 Albert Einstein hinterfragt die Galileische Physik

In seiner nur wenige Seiten umfassenden *Autobiographischen Skizze* (Seelig 1956, S. 10) erinnert sich Albert Einstein überaus positiv an sein letztes Gymnasialjahr, das er in Aarau verbrachte. Im September 1896 bestand er dort, als Klassenbester, die Maturitätsprüfung an der Gewerbeabteilung der Aargauischen Kantonsschule und konnte anschliessend prüfungsfrei an das Polytechnikum Zürich übertreten. Weiter erinnert er sich an die sogenannte *Aarauer Frage,* ein Gedankenexperiment, das ihn auf dem langen Weg zur Relativitätstheorie leiten sollte (Abb. 1.2):

Abb. 1.2 Aarauer Einstein-Gedenktafel. (Foto: M. Suter, Wettingen, 2016 Künstler: Prof. Thomas Duttenhoefer, Darmstadt, 2011)

> Während dieses Jahres in Aarau kam mir die Frage: Wenn man einer Lichtwelle mit Lichtgeschwindigkeit nachläuft, so würde man ein zeitunabhängiges Wellenfeld vor sich haben. So etwas scheint es aber doch nicht zu geben! Das war das erste kindliche Gedanken-Experiment, das mit der Relativitätstheorie zu tun hat.

Einstein fragt sich, ob es gelingen könnte, einen Lichtstrahl einzuholen, wenn man diesem mit Lichtgeschwindigkeit nachzueilen vermöchte. Entsprechend den Vorstellungen von Galilei und Newton über die Natur von Geschwindigkeiten müsste dies ohne weiteres gelingen. Die Gründe, die Einstein vermuten liessen, dies sei unmöglich, sind nicht mit Sicherheit bekannt. Möglicherweise hatte er von den vergeblichen Versuchen, den Einfluss des Ätherwindes, dessen Existenz damals kaum bezweifelt wurde, auf die Geschwindigkeit des Lichtes zu messen, vernommen. Vielleicht aber erinnerte er sich an eine Passage in den damals populären *Naturwissenschaftlichen Volksbüchern* von Aaron Bernstein, die Einstein noch in München gelesen hatte. Und möglicherweise fragte sich der junge Einstein schon damals: Wenn es unmöglich ist, die Geschwindigkeit zwischen einem Verfolger und einem Lichtstrahl zum Verschwinden zu bringen, bildlich ausgedrückt, auf dem Lichtstrahl zu reiten, wie könnte sich dann die Relativgeschwindigkeit zwischen Verfolger und Lichtstrahl überhaupt verändern? Sollte die Relativgeschwindigkeit stets dieselbe bleiben? Sollte die Geschwindigkeit des Lichtes für jeden Beobachter, unabhängig vom Bewegungszustand der Lichtquelle, stets dieselbe sein? Sollte die Vakuumlichtgeschwindigkeit somit eine universelle Konstante sein?

> (Bernstein 1870, S. 159): Das Sonnensystem bietet uns so Licht von sehr verschiedenem Alter, und da jede Art desselben von ganz gleicher Geschwindigkeit sich erweist, so ist das Gesetz von der Geschwindigkeit des Lichtes wohl das allgemeinste aller Naturgesetze zu nennen, und deutet auf eine einzige allgemeine Ursache, welche den ganzen unendlichen Weltenraum erhellt.

2 Hallo Welt: Beobachten – Denken – Sprechen

Als Albert Einstein im Herbst 1895 in die Aargauische Kantonsschule eintrat, fand er eine fortschrittlich gesinnte, von grosser Lehrfreiheit geprägte Bildungsinstitution vor. Die erdrückende Dominanz der Alten Sprachen, wie sie am klassischen deutschen Gymnasium noch immer herrschte, war überwunden und Mathematik und Naturwissenschaften hatten, insbesondere an der von Einstein besuchten Gewerbeabteilung, angemessenen Anteil am Bildungskanon. Prof. Dr. h.c. Friedrich Mühlberg (1840–1915), der Aarauer Naturkundelehrer Einsteins, war nicht nur ein hervorragender Didaktiker, er war auch ein erstklassiger Forscher von unerhörter Schaffenskraft. Als energischer Erneuerer des naturwissenschaftlichen Unterrichts leistete er Grossartiges. Für Mühlberg stand nicht Faktenwissen im Zentrum, ihm ging es um Grundlegendes, um den menschlichen Erkenntnisprozess selbst, den er schlagwortartig mit **Beobachten – Denken – Sprechen** charakterisierte. In (Tuchschmid 1896, S. 53–54) äussert sich Mühlberg zu Sinn und Bedeutung des naturgeschichtlichen Unterrichts (Abb. 2.1).

> Als der wichtigste Zweck auch des naturgeschichtlichen Unterrichts gilt die allgemeine Geistesbildung. Der naturkundliche Unterricht speziell soll durchaus auf Anschauung beruhen und wesentlich eine Übung im Beobachten, im Nachdenken über das Wahrgenommene und im Sprechen über das Beobachtete und Gedachte sein. Das unterscheidet ihn z. B. von den Sprach- und einigen anderen Fächern, in denen nur das gesprochene, gehörte oder gelesene Wort das Fundament des Unterrichts bildet. Die dort vorkommenden Regeln und Ausnahmen muss sich der Schüler bloss gedächtnismässig aneignen, während im naturkundlichen Unterricht vorzugsweise diejenigen Sinnes- und Geistestätigkeiten geübt werden, welche im ganzen späteren Leben von grösster Wichtigkeit sind.

Legendär waren Mühlbergs Exkursionen in den von Aarau zu Fuss erreichbaren Jura und seine sorgfältig vorbereiteten Schulreisen. Im Sommer 1896 führte die dreitä-

H. Hunziker, *Bondifaktoren*, essentials,
https://doi.org/10.1007/978-3-658-32298-4_2

Abb. 2.1 Prof. Dr. h.c. Friedrich Mühlberg. (Quelle: Bildarchiv ETHZ)

gige Schulreise der Abschlussklassen der Aarauer Gewerbeabteilung von Appenzell über die Meglisalp hinauf zum Gipfel des Säntis.

> (Hunziker 2005, S. 58–70): Am 24. Juni 1896 keuchten zwanzig Kantonsschüler unter Leitung des Geographielehrers Prof. Mühlberg in brütender Hitze von Appenzell nach Weissbad und von dort steil hinauf zur Meglisalp. Mühlberg, der auch ein exzellenter Geologe war, fuchtelte die ganze Zeit mit dem Wanderstock herum, machte auf Gesteinsarten aufmerksam, dozierte über Erosionsformen, zeigte auf Faltungsstrukturen und stellte spitze Fragen. Gerade als Einstein bei ihm stand, hob er den Stock und zeigte hinauf. „Nun Einstein, was meinen Sie, wie verlaufen die Schichten dort, von unten nach oben oder von oben nach unten?" Dieser antwortete vorwitzig: „Das ist mir ziemlich egal, Herr Professor." Trotzdem muss Einstein den Lehrer geschätzt haben, später jedenfalls nannte er ihn einen originellen Kerl. Am zweiten Tag der Schulreise, beim Aufstieg zum Säntis zog ein gewaltiges Gewitter auf und mit einem Schlag war nur Sturm, Hagel, Blitz und Donner. Und da geschah es. Einstein, der natürlich nicht mit den vorgeschriebenen schweren Schuhen anmarschiert war, kam in einem Schneefeld ins Rutschen und nur der von einem Mitschüler geistesgegenwärtig und mit fester Hand entgegengestreckte Wanderstock vermochte seinen Fall zu bremsen, und für einen Moment hing die Physik an einem Stock.

2.1 Eine Welt, so einfach wie möglich

Wir gehen aus von einer radikal vereinfachten, eindimensionalen Welt $\mathcal{W}$.[1] In ihr sollen nur drei Klassen von permanenten Objekten existieren:

- *Photonen* p: Transport von Informationen
- *Reflexonen* $\mathcal{R}^*$: wahrnehmbare Objekte
- *Perzeptronen* $\mathcal{P}$: wahrnehmende Subjekte

Unser Ziel ist es, Begriffe und Methoden zu etablieren, die es den Perzeptronen ermöglichen, das Geschehen in $\mathcal{W}$ zu erfassen und zu interpretieren. Die einzelnen Elemente der genannten Objektklassen können sich in der eindimensionalen Welt $\mathcal{W}$, in Abb. 2.2 als X-Achse dargestellt, bewegen und es können Interaktionen, wir nennen sie *Ereignisse,* auftreten. Wir betrachten drei Klassen von Ereignissen:

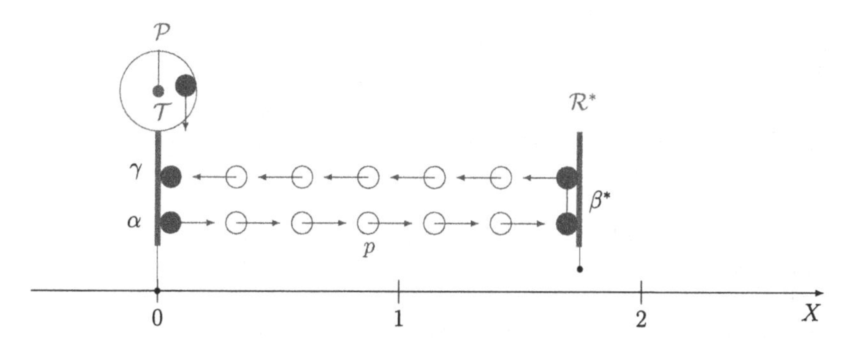

$\alpha =$ « p verlässt $\mathcal{P}$ »

$\beta^* =$ « p wird an $\mathcal{R}^*$ reflektiert »

$\gamma =$ « p trifft auf $\mathcal{P}$ »

Abb. 2.2 Wahrnehmung des Reflexons $\mathcal{R}^*$

[1] Die Beschränkung auf eine einzige Dimension beeinträchtigt die zentralen relativistischen Phänomene wie etwa Zeitdilatation und Längenkontraktion nicht, sie führt aber zu einer segensreichen Verminderung des Aufwandes im rechnerisch formalen Bereich und damit zu vermehrter Transparenz.

- α: Emission von Photonen, eine Fähigkeit von Perzeptronen
- β^*: Reflexion von Photonen, eine Fähigkeit von Reflexonen und Perzeptronen
- γ: Absorption von Photonen, eine Fähigkeit von Perzeptronen
- Ω: Menge aller Ereignisse

2.2 Sehen in dunkler Nacht: Ein Auge, das in die Ferne tastet

> (Gregory 1997, S. 1): From the beginnings of recorded questioning there have been several approaches to how we see. These are very different from current views. An essential problem was how distant objects reached eye and brain, while remaining out there in space. Two and half millennia ago, Greek philosophers thought that light shoots out of the eyes, to touch objects as probing fingers.

Wie können Perzeptronen entfernte permanente Objekte (Reflexonen oder Perzeptronen) wahrnehmen? Mit dem Wahrnehmen eines Objektes meinen wir, diesem in konsistenter Weise eine momentane Zeit und einen entsprechenden Ort zuzuordnen. Wir statten Perzeptronen, die einem einfachen Lebewesen nachempfunden sind, mit einem Sehvermögen aus, das sich an der Sehvorstellung der alten Griechen orientiert: Das Perzeptron sendet Photonen (Lichtteilchen) aus und vermag reflektierte Photonen wahrzunehmen.

Definition 2.1 *Ein **Photon** p ist ein permanentes Objekt, das sich bezüglich der noch zu etablierenden Zeit- und Ortswahrnehmung der Perzeptronen immerwährend mit konstanter Geschwindigkeit c bewegen soll. Im Sinne einer Vereinfachung wollen wir künftig alle Geschwindigkeiten als Vielfache von c ausdrücken und wählen weiter die Längen- und Zeiteinheiten derart, dass $c = 1$ gilt.*

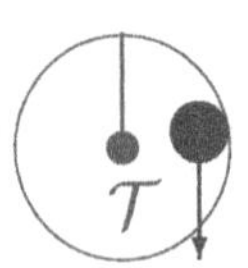

*Wegen der angenommenen Konstanz der Geschwindigkeit von Photonen eignen sich diese zur Konstruktion von idealen Uhren. Eine **Lichtuhr** ist eine Vorrichtung, die ein Photon in eine kreisförmige Umlaufbahn zwingt und die Anzahl $\mathcal{T}$ der Runden, die das Photon zurücklegt, ermittelt. $\mathcal{T}$ wird so zu einem Mass für die Zeit.*

Albert Einstein schreibt in seiner im Jahr 1905 publizierten Arbeit *Zur Elektrodynamik bewegter Körper* über die universelle Konstanz der Vakuumlichtgeschwindigkeit Folgendes.

> (Einstein 1989, S. 280): Jeder Lichtstrahl bewegt sich im „ruhenden" Koordinatensystem, mit einer bestimmten Geschwindigkeit V, unabhängig davon, ob dieser Lichtstrahl von einem ruhenden oder bewegten Körper emittiert ist.

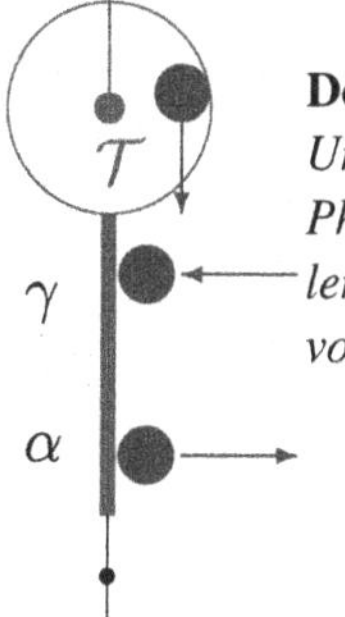

Definition 2.2 *Ein* ***Perzeptron*** $\mathcal{P}$ *ist eine Lichtuhr (mit einer Umlaufbahn der Länge 1) erweitert um eine Vorrichtung, die Photonen aussenden und deren Sendezeitpunkt* $\mathcal{T}(\alpha)$ *feststellen kann. Im weiteren kann es den Empfangszeitpunkt* $\mathcal{T}(\gamma)$ *von einfallenden Photonen ermitteln.*

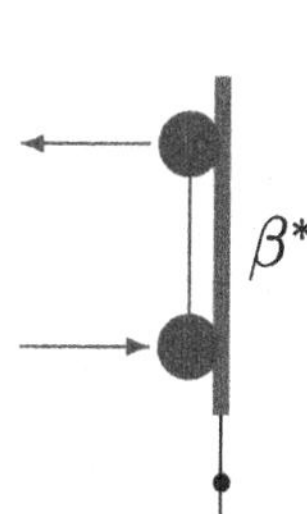

Definition 2.3 *Ein* ***Reflexon*** $\mathcal{R}^*$ *ist ein Objekt, das in der Lage ist, einfallende Photonen zu reflektieren. Im Gegensatz zu den Perzeptronen soll der Bewegungszustand von Reflexonen durch äussere Ursachen (Kräfte) beeinflussbar sein. Dabei wollen wir voraussetzen, dass sich Reflexonen stets langsamer als Photonen fortbewegen.*

2.3 Zeit und Ort von entfernten Ereignissen

Wir betrachten die Situation in Abb. 2.2 mit den Ereignissen $\alpha = \ll p$ verlässt das Perzeptron $\mathcal{P} \gg$ und $\gamma = \ll p$ kehrt nach Reflexion an $\mathcal{R}^*$ zurück zu $\mathcal{P} \gg$. Dem Ereignis $\beta^* = \ll p$ trifft auf $\mathcal{R}^* \gg$ ordnet das Perzeptron $\mathcal{P}$ die Zeit T und den Ort X gemäss nachstehender Definition zu.

Definition 2.4

$$T(\beta^*) := \frac{\mathcal{T}(\gamma) + \mathcal{T}(\alpha)}{2} \qquad X(\beta^*) := \frac{\mathcal{T}(\gamma) - \mathcal{T}(\alpha)}{2}$$

Bemerkungen

1. Unter einem *Bezugssystem* versteht man eine Vorrichtung, die es ermöglicht, einzelnen Ereignissen und permanenten Objekten Ort und Zeit zuzuordnen. Bezugssysteme, bezüglich denen sich kräftefreie Partikel bzw. Reflexonen gleichförmig bewegen, nennt man *Inertialsysteme.* Für Näheres wird auf (Giulini 2005, S. 14 –) verwiesen. Wir setzen generell voraus, dass die nachfolgend verwendeten Bezugssysteme inertial sind. Im Rahmen des Bondikalküls erscheinen die natürlichen Inertialsysteme in Gestalt von Perzeptronen[2]. Bei Einstein (Einstein 1989, S. 276 –) treten sie in Form von starren, kubischen Raumgittern, die mit einer Vielzahl von lokalen, synchronisierten Uhren versehen sind, auf: *Einsteinbeobachter.*
2. Gemessene Zeiten, wir nennen diese auch *Uhrzeiten* oder *Eigenzeiten,* bezeichnen wir mit dem kalligrafischen $\mathcal{T}$, für Zeiten, die gemäss Definition 2.4 zugewiesen werden, verwenden wir das gedruckte T. In Anbetracht der angenommenen Konstanz der Einweg-Lichtgeschwindigkeit $c = 1$ sind die obigen Zuweisungen für $T(\beta^*)$ und $X(\beta^*)$ die einzig natürlichen.[3] Die Funktion $\mathcal{T}(\alpha) \mapsto \mathcal{T}(\gamma)$, die bei der Wahrnehmung eines Reflexons $\mathcal{R}^*$ durch ein Perzeptron $\mathcal{P}$ anfällt, nennen wir *Perzeptionsfunktion* $\mathcal{T}$. Die Perzeptionsfunktion $\mathcal{T}$ kann in einfacher

[2]Der Terminus Perzeptron geht auf Frank Rosenblatt (1928–1971) zurück und bezeichnet künstliche neuronale Netze, die bei der Musterklassifikation eingesetzt werden können. Im einfachsten Fall ordnet ein solches neuronales Netz einem Eingabevektor $(x_1|x_2)$ einen Ausgabevektor $(y_1|y_2)$ zu, wobei dessen Koordinaten y_i vermittels gewichteter Summen $y_i = \sum_{j=1}^{2} a_{ij} \cdot x_j$ der Messwerte x_j ermittelt werden. Weil bei Bondibezugssystemen ebenfalls gewichtete Summen auftreten

$$(\mathcal{T}(\alpha) \mid \mathcal{T}(\gamma)) \longmapsto \left(\frac{1}{2} \cdot \mathcal{T}(\gamma) + \frac{1}{2} \cdot \mathcal{T}(\alpha) \;\middle|\; \frac{1}{2} \cdot \mathcal{T}(\gamma) - \frac{1}{2} \cdot \mathcal{T}(\alpha)\right) = \big(T(\beta^*) \mid X(\beta^*)\big),$$

ist deren Bezeichnung als *Perzeptronen* gerechtfertigt.

[3]Wenn man lediglich die Konstanz der Zweiweg-Lichtgeschwindigkeit voraussetzt, sind auch andere Orts- und Zeitzuweisungen für entfernte Ereignisse denkbar, siehe beispielsweise (Jammer 2006, S. 177).

Weise aus den zugewiesenen Zeiten und Orten zurückgewonnen werden:

$$\mathcal{T}(\gamma) = T(\beta^*) + X(\beta^*)\,, \qquad \mathcal{T}(\alpha) = T(\beta^*) - X(\beta^*)\,. \tag{2.1}$$

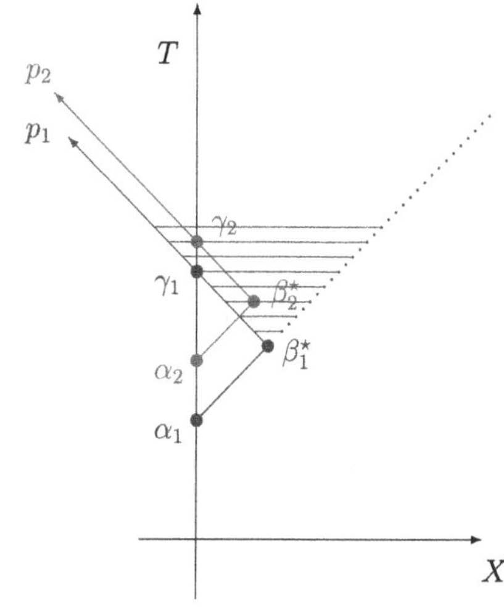

3. Anhand der nebenstehenden Figur begründen wir, dass jede Perzeptionsfunktion streng monoton wachsend ist. Wir gehen aus von der Situation gemäss Abb. 2.2: Das Perzeptron $\mathcal{P}$ nimmt das Reflexon $\mathcal{R}^*$ wahr. Um die Monotonie der Perzeptionsfunktion $\mathcal{T}(\alpha) \mapsto \mathcal{T}(\gamma)$ nachzuweisen, wählen wir α_1 und α_2 mit $\mathcal{T}(\alpha_1) < \mathcal{T}\alpha_2$. Weil sich das betrachtete Reflexon $\mathcal{R}^*$ bezüglich $\mathcal{P}$ stets mit einer Geschwindigkeit, deren Betrag kleiner als 1 ist, bewegt, muss das Ereignis β_2^* im Innern des schraffierten Winkels mit Scheitel β_1^* liegen. Aus der Skizze entnehmen wir, dass das zweite reflektierte Photon p_2 beim wahrnehmenden Perzeptron $\mathcal{P}$ später als das erste reflektierte Photon p_1 eintrifft und folglich $\mathcal{T}(\gamma_1) < \mathcal{T}(\gamma_2)$ gilt.

2.4 Die Weltlinie eines Reflexons

Jede Photonenemission α entsprechend Abb. 2.2 induziert ein Ereignistripel $(\alpha|\beta^*|\gamma)$ und die Funktionen

$$\begin{aligned}\mathcal{T}(\alpha) &\mapsto T(\beta^*)\,,\\ \mathcal{T}(\alpha) &\mapsto X(\beta^*)\,.\end{aligned}$$

Die Zuordnung

$$\mathcal{T}(\alpha) \mapsto (T(\beta^*)|X(\beta^*))$$

bezeichnet man als Parametrisierung der *Weltlinie* $\mathcal{W}_{\mathcal{R}^*}$ des Reflexons $\mathcal{R}^*$ bezüglich $\mathcal{P}$. Oft betrachtet man auch die nach $T(\beta^*)$ parametrisierte Weltlinie[4]

$$T(\beta^*) \mapsto (T(\beta^*)|X(\beta^*))\,.$$

Beispiele

1. Das Reflexon $\mathcal{R}^*$ bewegt sich bezüglich des Perzeptrons $\mathcal{P}$ mit konstanter Geschwindigkeit U

$$X(T(\beta^\star)) = U \cdot T(\beta^\star) \ \text{mit}\ T(\beta^\star) > 0\,.$$

Gesucht ist die Perzeptionsfunktion $\mathcal{T}(\alpha) \mapsto \mathcal{T}(\gamma)$.
Lösung:

$$\begin{aligned}(1): \mathcal{T}(\gamma) &\overset{\text{Gl. 2.1}}{=} T(\beta^*) + X(\beta^*) = T(\beta^*) + U \cdot T(\beta^\star)\\ (2): \mathcal{T}(\alpha) &\overset{\text{Gl. 2.1}}{=} T(\beta^*) - X(\beta^*) = T(\beta^*) - U \cdot T(\beta^\star)\end{aligned}$$

Wir lösen die zweite Gleichung auf nach $T(\beta^*)$, setzen das Resultat in (1) ein und erhalten

$$\mathcal{T}(\gamma) = \frac{1+U}{1-U} \cdot \mathcal{T}(\alpha)\,.$$

[4]Aus der strengen Monotonie der Perzeptionsfunktion $\mathcal{T}$ und wegen $T(\beta^*) = \frac{\mathcal{T}(\gamma)+\mathcal{T}(\alpha)}{2}$ folgt, dass $\mathcal{T}(\alpha) \mapsto T(\beta^*)$ streng monoton wachsend ist und damit die Parametrisierung einer Weltlinie nach $T(\beta^*)$ möglich ist.

2. Gegeben ist die Parametrisierung der Weltlinie des Reflexons $\mathcal{R}^*$ mit $A \in \mathbf{R}^+$

$$T(\beta^*) \mapsto (T(\beta^*)|X(\beta^*) = (T(\beta^*)|A \cdot T^2(\beta^*)) \,.$$

Gesucht ist die entsprechende Perzeptionsfunktion $\mathcal{T}$.
Lösung:

$$(1) : \mathcal{T}(\gamma) = T(\beta^*) + X(\beta^*) = T(\beta^*) + A \cdot T^2(\beta^\star)$$
$$(2) : \mathcal{T}(\alpha) = T(\beta^*) - X(\beta^*) = T(\beta^*) - A \cdot T^2(\beta^\star)$$

Wir lösen die zweite Gleichung

$$A \cdot T^2(\beta^*) - T(\beta^*) + \mathcal{T}(\alpha) = 0$$

auf nach $T(\beta^*)$

$$T_{1,2}(\beta^*) = \frac{1 \pm \sqrt{1 - 4A \cdot \mathcal{T}(\alpha)}}{2A} \,.$$

Da nur die Funktion $T(\beta^*) = \frac{1-\sqrt{1-4A\cdot\mathcal{T}(\alpha)}}{2A}$ monoton wachsend ist, erhalten wir die Lösung:

$$\begin{aligned}
\mathcal{T}(\gamma) &= T(\beta^*) + X(\beta^*) \\
&= T(\beta^*) + A \cdot T^2(\beta^*) \\
&= \frac{1 - \sqrt{1 - 4A \cdot \mathcal{T}(\alpha)}}{2A} + A \cdot \left(\frac{1 - \sqrt{1 - 4A \cdot \mathcal{T}(\alpha)}}{2A}\right)^2 \\
&= \frac{2 - 2\sqrt{1 - 4A \cdot \mathcal{T}(\alpha)} + 1 - 2\sqrt{1 - 4A \cdot \mathcal{T}(\alpha)} + 1 - 4A \cdot \mathcal{T}(\alpha)}{4A} \\
&= \frac{1 - A \cdot \mathcal{T}(\alpha) - \sqrt{1 - 4A \cdot \mathcal{T}(\alpha)}}{A} \,.
\end{aligned}$$

2.5 Die Geschwindigkeit eines Reflexons bezüglich eines Perzeptrons

Wenn wir die Geschwindigkeit des Reflexons $\mathcal{R}^*$ zum Zeitpunkt $T(\beta^*)$ mit $U(T(\beta^*))$ bezeichnen, so erhalten wir

$$\begin{aligned}U(T(\beta^*)) &= \frac{dX(\beta^*)}{dT(\beta^*)}\\ &= \frac{dX(\beta^*)}{d\mathcal{T}(\alpha)} \cdot \frac{d\mathcal{T}(\alpha)}{dT(\beta^*)}\\ &= \frac{\frac{dX(\beta^*)}{d\mathcal{T}(\alpha)}}{\frac{dT(\beta^*)}{d\mathcal{T}(\alpha)}}\\ &= \frac{\frac{1}{2}\cdot\left(\frac{d\mathcal{T}(\gamma)}{d\mathcal{T}(\alpha)} - 1\right)}{\frac{1}{2}\cdot\left(\frac{d\mathcal{T}(\gamma)}{d\mathcal{T}(\alpha)} + 1\right)}\\ &= \frac{\frac{d\mathcal{T}(\gamma)}{d\mathcal{T}(\alpha)} - 1}{\frac{d\mathcal{T}(\gamma)}{d\mathcal{T}(\alpha)} + 1}\end{aligned}$$

und damit die Gleichungen

$$U(T(\beta^*)) = \frac{\frac{d\mathcal{T}(\gamma)}{d\mathcal{T}(\alpha)} - 1}{\frac{d\mathcal{T}(\gamma)}{d\mathcal{T}(\alpha)} + 1} = \frac{-1}{k^2\left(\frac{d\mathcal{T}(\gamma)}{d\mathcal{T}(\alpha)}\right)} \quad \text{und} \quad \frac{d\mathcal{T}(\gamma)}{d\mathcal{T}(\alpha)} = \frac{1 + U(T(\beta^*))}{1 - U(T(\beta^*))} = k^2\left(U(T(\beta^*))\right), \tag{2.2}$$

mit $k(x) := \sqrt{\frac{1+x}{1-x}}$.

2.6 Die Beschleunigung eines Reflexons bezüglich eines Perzeptrons

Wenn wir die Beschleunigung des Reflexons $\mathcal{R}^*$ mit $A(T(\beta^*))$ bezeichnen, so erhalten wir aus

$$\begin{aligned}\frac{dU(T(\beta^*))}{dT(\beta^*)} \cdot \frac{dT(\beta^*)}{d\mathcal{T}(\alpha)} &= \frac{dU(T(\beta^*))}{d\mathcal{T}(\alpha)}\\ &= \frac{d}{d\mathcal{T}(\alpha)}\left(\frac{\frac{d\mathcal{T}(\gamma)}{d\mathcal{T}(\alpha)} - 1}{\frac{d\mathcal{T}(\gamma)}{d\mathcal{T}(\alpha)} + 1}\right)\end{aligned}$$

$$= \frac{\frac{d^2\mathcal{T}(\gamma)}{d(\mathcal{T}(\alpha))^2}\cdot\left(\frac{d\mathcal{T}(\gamma)}{d\mathcal{T}(\alpha)}+1\right)-\frac{d^2\mathcal{T}(\gamma)}{d(\mathcal{T}(\alpha))^2}\cdot\left(\frac{d\mathcal{T}(\gamma)}{d\mathcal{T}(\alpha)}-1\right)}{\left(\frac{d\mathcal{T}(\gamma)}{d\mathcal{T}(\alpha)}+1\right)^2}$$

$$= \frac{2\cdot\frac{d^2\mathcal{T}(\gamma)}{d(\mathcal{T}(\alpha))^2}}{\left(\frac{d\mathcal{T}(\gamma)}{d\mathcal{T}(\alpha)}+1\right)^2}$$

und aus

$$\frac{dT(\beta^*)}{d\mathcal{T}(\alpha)} = \frac{1}{2}\cdot\left(\frac{d\mathcal{T}(\gamma)}{d\mathcal{T}(\alpha)}+1\right)$$

die Gleichung

$$\begin{aligned} A(T(\beta^*)) &= \frac{4\cdot\frac{d^2\mathcal{T}(\gamma)}{d(\mathcal{T}(\alpha))^2}}{\left(\frac{d\mathcal{T}(\gamma)}{d\mathcal{T}(\alpha)}+1\right)^3} \\ &= \frac{d^2\mathcal{T}(\gamma)}{d(\mathcal{T}(\alpha))^2}\cdot\frac{(1-U(T(\beta^*)))^3}{2}\,. \end{aligned} \tag{2.3}$$

Beispiel
Die Bewegung des Reflexons $\mathcal{R}^*$ bezüglich $\mathcal{P}$ wird durch die Funktion

$$\mathcal{T}(\gamma) = \frac{1 - A\cdot\mathcal{T}(\alpha) - \sqrt{1-4A\cdot\mathcal{T}(\alpha)}}{A}$$

beschrieben. Es ist zu zeigen, dass das Reflexon einer konstanten Beschleunigung unterliegt.

Lösung Für die ersten beiden Ableitungen von $\mathcal{T}(\gamma)$ gilt

$$\frac{d\mathcal{T}(\gamma)}{d\mathcal{T}(\alpha)} = \frac{2-\sqrt{1-4A\cdot\mathcal{T}(\alpha)}}{\sqrt{1-4A\cdot\mathcal{T}(\alpha)}}$$

und

$$\frac{d^2\mathcal{T}(\gamma)}{d(\mathcal{T}(\alpha))^2} = \frac{4A}{\left(\sqrt{1-4A\cdot\mathcal{T}(\alpha)}\right)^3}\,.$$

Unter Verwendung der Gl. 2.3 erhalten wir

$$
\begin{aligned}
A(T(\beta^*)) &= \frac{4 \cdot \frac{d^2\mathcal{T}(\gamma)}{d(\mathcal{T}(\alpha))^2}}{\left(\frac{d\mathcal{T}(\gamma)}{d\mathcal{T}(\alpha)} + 1\right)^3} \\
&= \frac{\frac{16A}{\left(\sqrt{1-4A\cdot\mathcal{T}(\alpha)}\right)^3}}{\left(1 + \frac{2-\sqrt{1-4A\cdot\mathcal{T}(\alpha)}}{\sqrt{1-4A\cdot\mathcal{T}(\alpha)}}\right)^3} \\
&= 2A\,.
\end{aligned}
$$

3 Hallo Welt: Ist da jemand?

(Hunziker 2005, S. 58–70): August Tuchschmid (1855–1939) war ein Mann, dem Tatkraft und grimmige Entschlossenheit ins Gesicht geschrieben sind. Nach dem Physikstudium am Polytechnikum Zürich verfasste er bei Prof. Heinrich Friedrich Weber (1843–1912), dem späteren Lehrer Einsteins, eine Dissertation zum Thema Wärmeleitung in Kristallen. 1882 wurde er als Hauptlehrer für Physik an die Aargauische Kantonsschule berufen, wo er bereits nach sieben Jahren zum Rektor avancierte und dies für dreissig Jahre bleiben sollte. Unter seiner Führung entwickelte sich die Schule zu einer führenden Ausbildungsstätte im Bereich Mathematik und Naturwissenschaften. Einstein besuchte seinen Physikunterricht, der sich in vorbildlicher Weise auf das Grundlegende beschränkte und die Vielfalt der Erscheinungen auf wenige Prinzipien zurückführte. Die Suche nach dem Einfachen in der Vielfalt war bestimmend für Einsteins Forschungsarbeit. Vielleicht war ihm Tuchschmid darin Vorbild. Es ist unbestritten, dass Tuchschmid eine grosse Führungspersönlichkeit und ein enormer Schaffer war, er konnte aber, wohl auch für damalige Verhältnisse, autoritär reagieren. Zeugnisse, dass es je zu einem ernsthaften Zusammenstoss zwischen dem gestrengen Rektor und dem manchmal vorlauten Schüler Albert Einstein kam, liegen keine vor.

Wenn August Tuchschmid auch jede Art von Säuselpädagogik verabscheute und gegen Trägheit und Oberflächlichkeit energisch und manchmal auch grob ankämpfte, so schmerzte ihn doch der Misserfolg jener Schüler, die sich redlich bemühten. Diesen gewährte er Unterstützung und Ermunterung. Bemerkenswert war Tuchschmids Fähigkeit, Anlagen und Begabungen in seinen Schülern zu erkennen und zu fördern. Albert Einstein war nicht der einzige, der von ihm wertvollen Rat für das Studium und den weiteren Lebensweg erhielt. In einem Brief vom 3. Oktober 1896 berichtet er seiner Geliebten Marie Winteler voller Stolz, dass Prof. Tuchschmid ihm eine akademische Laufbahn zutraue und voraussage (Abb. 3.1).

H. Hunziker, *Bondifaktoren*, essentials,
https://doi.org/10.1007/978-3-658-32298-4_3

Abb. 3.1 Prof. Dr. August Tuchschmid. (Quelle: Müller-Wolfer 1952, S. 112)

(Einstein 2018, S. 12): ...Neulich habe ich von Rektor Tuchschmid Abschied genommen. Er entwarf mir eigenhändig mein Zukunftsbild: 4 Jahre Studium, dann Assistent, ... , liebes Kindchen, das ist doch sehr verlockend? Wenn ich einmal in den 10 kritischen Jahren einen unbesiegbaren Hunger kriege, müssen Sie mir eine Wurst schicken. Er sagte, ich hätte ganz das Zeug und das Streben zu dieser dornenvollen

Laufbahn. Da heisst's natürlich auf alle Bequemlichkeiten u. Annehmlichkeiten dieser Welt verzichten, aber das thut ja nichts. Nie aber sollte ich eine Stelle in einer Mittelschule annehmen, sonst sei es aus mit den grossen wissenschaftlichen Zielen. ...[1]

3.1 Gespräche zwischen Perzeptronen

Das Perzeptron $\mathcal{P}'$ bewege sich bezüglich $\mathcal{P}$, siehe Abb. 3.2, mit konstanter Geschwindigkeit $V \in]-1, 1[$. Die Zeiten $T(\beta')$ und $\mathcal{T}(\gamma)$ lassen sich durch die Sendezeit $\mathcal{T}(\alpha)$ ausdrücken. Für geeignetes ΔT und wegen $c = 1$ gilt

$$V \cdot \mathcal{T}(\alpha) + V \cdot \Delta T = c \cdot \Delta T = \Delta T ,$$

woraus wir

$$\Delta T = \frac{V \cdot \mathcal{T}(\alpha)}{1 - V}$$

und

$$\begin{aligned} T(\beta') &= \mathcal{T}(\alpha) + \Delta T \\ &= \mathcal{T}(\alpha) + \frac{V \cdot \mathcal{T}(\alpha)}{1 - V} \\ &= \frac{\mathcal{T}(\alpha)}{1 - V} \end{aligned} \tag{3.1}$$

erhalten. Wegen $\mathcal{T}(\gamma) = T(\beta') + \Delta T = \mathcal{T}(\alpha) + 2 \cdot \Delta T$ erhält man

$$\mathcal{T}(\gamma) = \mathcal{T}(\alpha) \cdot \frac{1 + V}{1 - V}. \tag{3.2}$$

[1] Am 18. September 1896 schrieb Albert Einstein die Maturitätsprüfung im Fach Französisch, es war ein Kurzaufsatz, siehe (Einstein 1987, S. 28), mit dem Titel «Mes projets d'avenir» zu verfassen. Frappant in welchem Ausmass Einsteins Lebensziele mit den Ratschlägen und Prognosen seines Aarauer Physiklehrers übereinstimmen!

Bemerkungen

1. Bei unbekanntem V lässt sich dieses mit der Perzeptionsfunktion $\mathcal{T}$ berechnen

$$V = \frac{\mathcal{T}(\gamma) - \mathcal{T}(\alpha)}{\mathcal{T}(\gamma) + \mathcal{T}(\alpha)} = \frac{X(\beta^{'})}{T(\beta^{'})}.$$

2. Falls die Sendezeit $\mathcal{T}(\alpha)$ in der Situation von Abb. 3.2 negativ gewählt ist, gilt

$$T(\beta^{'}) = \mathcal{T}(\alpha) \cdot \frac{1}{1+V}, \quad \mathcal{T}(\gamma) = \mathcal{T}(\alpha) \cdot \frac{1-V}{1+V}.$$

Wie jede Perzeptionsfunktion ist auch

$$\mathcal{T} : \mathcal{T}(\alpha) \mapsto \mathcal{T}(\gamma) = \begin{cases} \mathcal{T}(\alpha) \cdot \frac{1+V}{1-V}, & \mathcal{T}(\alpha) \geq 0 \\ \mathcal{T}(\alpha) \cdot \frac{1-V}{1+V}, & \mathcal{T}(\alpha) < 0 \end{cases}$$

monoton wachsend, siehe dazu Abschn. 2.3 und Abb. 3.3.

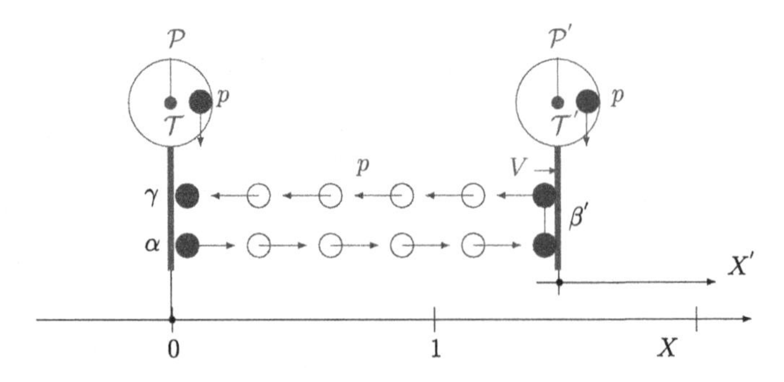

$\alpha =$ « p verlässt $\mathcal{P}$ »
$\beta' =$ « p wird an $\mathcal{P}'$ reflektiert »
$\gamma =$ « p trifft auf $\mathcal{P}$ »
$\sigma = \sigma' =$ « $\mathcal{P}'$ passiert $\mathcal{P}$ »
Standardkonfiguration: $\mathcal{T}(\sigma) = 0 = \mathcal{T}'(\sigma')$

Abb. 3.2 Kommunikation zwischen $\mathcal{P}$ und $\mathcal{P}'$

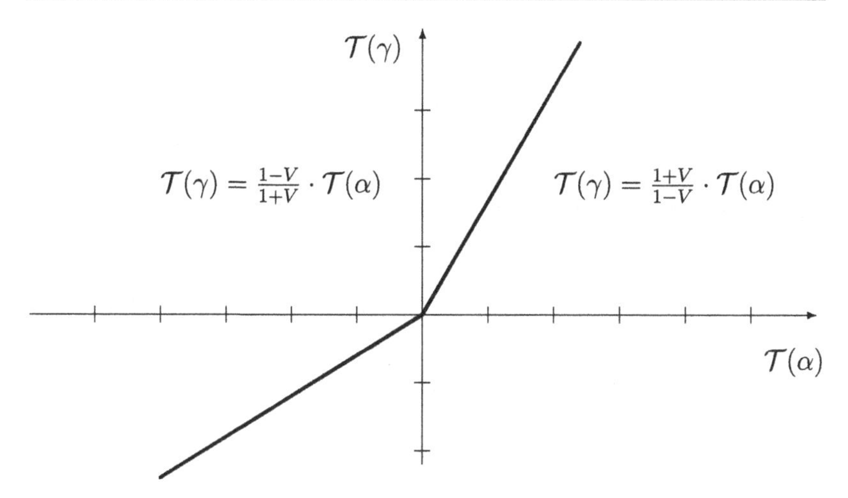

Abb. 3.3 Graph der Perzeptionsfunktion des Prozesses «$\mathcal{P}$ nimmt $\mathcal{P}'$ wahr.»

3.2 Relativitätsprinzip und Bondifaktor k

Nebst dem Postulat der konstanten Einweg-Vakuumlichtgeschwindigkeit – Photonen bewegen sich bezüglich jedes Perzeptrons mit konstanter Geschwindigkeit c = 1 – basiert die SRT auf dem *Relativitätsprinzip.* Albert Einstein kommt in seiner kurzen Einführung in die Relativitätstheorie (Einstein 1977, S. 15) darauf zu sprechen. Wenn wir den dort verwendeten Begriff des *Einsteinbeobachters* (Es handelt sich dabei um ein starres Raumgitter, bei dem sich in jedem Gitterpunkt eine Uhr befindet, die mit allen übrigen Uhren synchronisiert ist.) durch die entsprechende Begriffsbildung des *Perzeptrons* ersetzen, ergibt sich sinngemäss die folgende Formulierung.

> ***Relativitätsprinzip:*** Die sich aus der Wahrnehmung des Naturgeschehens ergebenden allgemeinen Naturgesetze sind für alle Perzeptronen gleich.

Dieses Postulat, das Annahmen über das Wesen der Welt trifft und auch Bedingungen an die Art der zulässigen Naturgesetze stellt, nennt man *Relativitätsprinzip.* Als Anwendung des Relativitätsprinzips wollen wir den *Bondifaktor k,* siehe auch (Bondi 2012, S. 103), bestimmen. Wir gehen aus von der Situation gemäss Abb. 3.2 und betrachten die Ereignispaare $(\alpha|\beta')$ bezüglich des Perzeptronenpaares $(\mathcal{P}|\mathcal{P}')$ und $(\beta'|\gamma)$ bezüglich $(\mathcal{P}'|\mathcal{P})$. Da sich die beiden Perzeptronen bezogen auf das jeweils andere gleichförmig bewegen, dürfen wir annehmen, dass Konstanten k und k' mit

$$\mathcal{T}'(\beta') = k \cdot \mathcal{T}(\alpha),$$
$$\mathcal{T}(\gamma) = k' \cdot \mathcal{T}'(\beta')$$

existieren. Eine Begründung für die Existenz von k und k' ist im letzten Punkt der nachfolgenden Bemerkungen gegeben. Wegen der Symmetrie der betrachteten Experimente schliessen wir aufgrund des Relativitätsprinzips, dass $k = k'$ gelten muss und weiter

$$\begin{aligned} \mathcal{T}(\gamma) &= k' \cdot \mathcal{T}'(\beta') \\ &= k' \cdot k \cdot \mathcal{T}(\alpha) \\ &= k^2 \cdot \mathcal{T}(\alpha). \end{aligned}$$

Unter Berücksichtigung von Gl. 3.2 erhalten wir

$$\begin{aligned} \mathcal{T}(\gamma) &= k^2 \cdot \mathcal{T}(\alpha) \\ &\overset{\text{Gl. 3.2}}{=} \frac{1+V}{1-V} \cdot \mathcal{T}(\alpha) \end{aligned}$$

und weiter den *Bondifaktor*

$$k = k(V) := \frac{\mathcal{T}'(\beta')}{\mathcal{T}(\alpha)} = \frac{\mathcal{T}(\gamma)}{\mathcal{T}'(\beta')} = \sqrt{\frac{1+V}{1-V}}. \tag{3.3}$$

Bemerkungen

1. Für Bondifaktoren gilt offensichtlich die Beziehung: $k(V) \cdot k(-V) = 1$.
2. Während $T(\alpha) = \mathcal{T}(\alpha)$ und $T(\gamma) = \mathcal{T}(\gamma)$ gelten, erhalten wir

$$T(\beta') = \frac{1}{1-V} \cdot \mathcal{T}(\alpha) \neq \sqrt{\frac{1+V}{1-V}} \cdot \mathcal{T}(\alpha) = \mathcal{T}'(\beta')$$

und

$$\begin{aligned} \frac{T(\beta')}{\mathcal{T}'(\beta')} &= \frac{\frac{1}{1-V} \cdot \mathcal{T}(\alpha)}{\sqrt{\frac{1+V}{1-V}} \cdot \mathcal{T}(\alpha)} \\ &= \frac{1}{\sqrt{1-V^2}} \end{aligned}$$

oder

$$T(\beta') = \frac{1}{\sqrt{1-V^2}} \cdot \mathcal{T}'(\beta').$$

3. Bei Einstein taucht das Phänomen $T(\beta') = \frac{1}{\sqrt{1-V^2}} \cdot \mathcal{T}'(\beta') > \mathcal{T}'(\beta')$ unter der Bezeichnung *Zeitdilatation* auf und löst bis heute Sprachlosigkeit und Verwirrung aus. Der Gedanke, dass $\mathcal{T}'(\beta')$ Resultat einer direkten lokalen Zeitmessung des Perzeptrons $\mathcal{P}'$ ist, während $T(\beta')$ von $\mathcal{P}$ durch die Radarmethode ermittelt wird, dass somit die beiden Grössen $\mathcal{T}'(\beta')$ und $T(\beta')$ auf ganz unterschiedliche Weise bestimmt werden, vermag unser Erstaunen erheblich zu mindern.
4. Die Zeitdilatation ist wegen des vorausgesetzten Relativitätsprinzips erwartungsgemäss ein vollkommen symmetrisches Phänomen. Nebst $T(\beta') = \frac{1}{\sqrt{1-V^2}} \cdot \mathcal{T}'(\beta')$ gilt gemäss Abb. 3.4 für beliebige Ereignisse γ bei $\mathcal{P}$

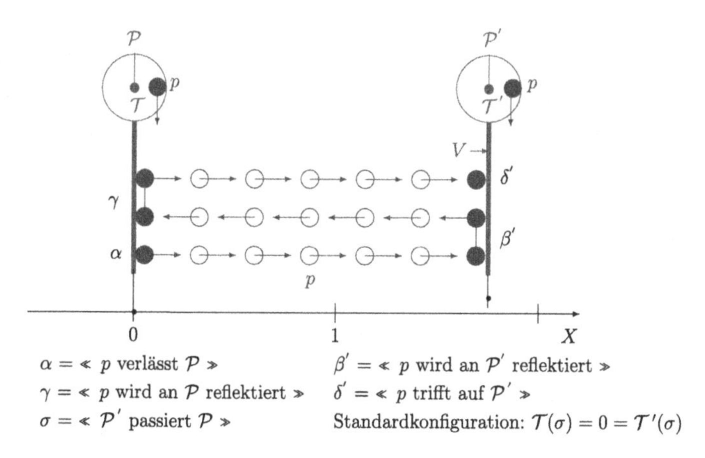

Abb. 3.4 Symmetrie der Zeitdehnung

$$
\begin{aligned}
T^{'}(\gamma) &= \frac{\mathcal{T}^{'}(\beta^{'}) + \mathcal{T}^{'}(\delta^{'})}{2} \\
&\stackrel{\text{Gl. 3.3}}{=} \frac{\frac{\mathcal{T}(\gamma)}{k} + k \cdot \mathcal{T}(\gamma)}{2}, \quad k = \sqrt{\frac{1+V}{1-V}} \\
&= \frac{\sqrt{1-V} \cdot \mathcal{T}(\gamma)}{2 \cdot \sqrt{1+V}} + \frac{\sqrt{1+V} \cdot \mathcal{T}(\gamma)}{2 \cdot \sqrt{1-V}} \\
&= \frac{1}{2 \cdot \sqrt{1-V^2}} \cdot ((1-V) \cdot \mathcal{T}(\gamma) + (1+V) \cdot \mathcal{T}(\gamma)) \\
&= \frac{1}{\sqrt{1-V^2}} \cdot \mathcal{T}(\gamma).
\end{aligned}
$$

5. Wenn sich das Perzeptron $\mathcal{P}^{'}$ mit Geschwindigkeit V vom Perzeptron $\mathcal{P}$ entfernt und das Perzeptron $\mathcal{P}^{''}$ mit Geschwindigkeit $U^{'}$ von $\mathcal{P}^{'}$ und wir die Geschwindigkeit von $\mathcal{P}^{''}$ bezüglich $\mathcal{P}$ mit U bezeichnen, so gilt für die Bondifaktoren

$$k(U) = k(V) \cdot k(U^{'}).$$

Damit lässt sich die Regel 3.9 für die allgemeine relativistische Geschwindigkeitstransformation, also die Regel mit der man U aus V und $U^{'}$ berechnet, für den Spezialfall konstanter Geschwindigkeiten herleiten. Aus

$$
\begin{aligned}
\frac{1+U}{1-U} &= \frac{1+V}{1-V} \cdot \frac{1+U^{'}}{1-U^{'}} \\
&= \frac{1+V+U^{'}+V \cdot U^{'}}{1-V-U^{'}+V \cdot U^{'}} \\
&= \frac{1+\frac{V+U^{'}}{1+V \cdot U^{'}}}{1-\frac{V+U^{'}}{1+V \cdot U^{'}}}
\end{aligned}
$$

folgt

$$U = \frac{V+U^{'}}{1+V \cdot U^{'}}$$

und wir schreiben

$$U = V \oplus U^{'} := \frac{V + U^{'}}{1 + V \cdot U^{'}}.$$

Für die relativistische Geschwindigkeitstransformation gelten die nachfolgenden Regeln.

(a) Während die Geschwindigkeitstransformation in der klassischen Physik mit der üblichen Addition $+$ korrespondiert, ist im relativistischen Fall $+$ durch die modifizierte Addition $\oplus$ zu ersetzen.
(b) Die Verknüpfung $\oplus$ ist kommutativ und assoziativ.
(c) Aus $V = 1$ oder $U^{'} = 1$ folgt $U = V \oplus U^{'} = 1$.
(d) Wir zeigen noch, dass aus $|V| < 1$ und $|U^{'}| < 1$ die Ungleichung

$$|V \oplus U^{'}| = \left| \frac{V + U^{'}}{1 + V \cdot U^{'}} \right| < 1$$

folgt. Dazu zeigen wir, dass die Ableitung der Funktion $f(V) := \frac{V+U^{'}}{1+V \cdot U^{'}}$

$$\frac{\mathrm{d}f(V)}{\mathrm{d}V} = \frac{1 - (U^{'})^2}{(1 + V \cdot U^{'})^2} > 0$$

für die zugelassenen Werte von V und $U^{'}$ stets positiv ist und folgern daraus

$$f(-1) = \frac{-1 + U^{'}}{1 - U^{'}} = -1 < f(V) = \frac{V + U^{'}}{1 + V \cdot U^{'}} < 1 = \frac{1 + U^{'}}{1 + U^{'}} = f(1),$$

womit die Ungleichung begründet ist.

6. Um die Existenz der beiden Faktoren k und $k^{'}$ zu begründen, gehen wir von der Situation gemäss Abb. 3.2 aus und definieren die Folge der Ereignisse

$$\sigma_n := \text{«}\mathcal{P}^{'}\text{kreuzt die Wegmarke } X = n\text{».}$$

Da sich $\mathcal{P}^{'}$ und $\mathcal{P}$ gegeneinander gleichförmig bewegen, folgt

$$T(\sigma_n) = n \cdot T(\sigma_1) \quad \text{und} \quad \mathcal{T}^{'}(\sigma_n) = n \cdot \mathcal{T}^{'}(\sigma_1)$$

und weiter

$$\frac{\mathcal{T}'(\sigma_n)}{T(\sigma_n)} = \frac{n \cdot \mathcal{T}'(\sigma_1)}{n \cdot T(\sigma_1)} = \frac{\mathcal{T}'(\sigma_1)}{T(\sigma_1)} =: a \in \mathbf{R}.$$

Aus Gl. 3.1 erhalten wir

$$\frac{\mathcal{T}(\alpha)}{1-V} = T(\beta') = \frac{\mathcal{T}'(\beta')}{a}$$

und damit

$$\mathcal{T}'(\beta') = \frac{a}{1-V} \cdot \mathcal{T}(\alpha) = k \cdot \mathcal{T}(\alpha).$$

Mit analogem Argument kann die Existenz von k' begründet werden.

3.3 Bondi- und Lorentztransformation

Wir gehen aus von der Situation gemäss Abb. 3.5 und wollen die Beziehung zwischen den Wahrnehmungen von $\mathcal{P}$ bzw. $\mathcal{P}'$ des Ereignisses β^* klären. Die Bondifaktoren, die tatsächlich Dopplerfaktoren sind, beschreiben den Zusammenhang zwischen den Uhrzeiten der Ereignisse α und α', bzw. γ und γ' bezüglich $\mathcal{P}$ und $\mathcal{P}'$:

$$\mathcal{T}'(\alpha') = k \cdot \mathcal{T}(\alpha), \quad \mathcal{T}'(\gamma') = \frac{1}{k} \cdot \mathcal{T}(\gamma), \quad k = \sqrt{\frac{1+V}{1-V}}. \tag{3.4}$$

Sowohl das Perzeptron $\mathcal{P}'$ als auch $\mathcal{P}$ ordnen dem Ereignis β^* eine Zeit $T'(\beta^*)$ und einen Ort $X'(\beta^*)$ bzw. $T(\beta^*)$ und $X(\beta^*)$ zu. Die *Lorentztransformationen* stellen den Zusammenhang zwischen den gestrichenen und den ungestrichenen Koordinaten dar.

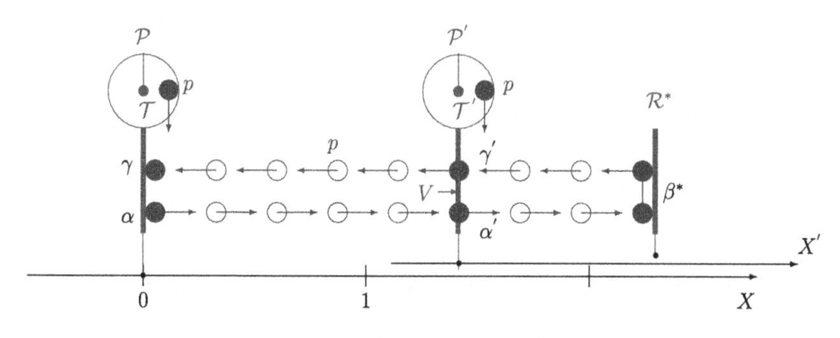

$\alpha =$ « p verlässt $\mathcal{P}$ » $\quad \alpha' =$ « p kreuzt $\mathcal{P}'$ »
$\beta^* =$ « p wird an $\mathcal{R}^*$ reflektiert »
$\gamma =$ « p trifft auf $\mathcal{P}$ » $\quad \gamma' =$ « p kreuzt $\mathcal{P}'$ »
$\sigma =$ « $\mathcal{P}'$ passiert $\mathcal{P}$ » $\quad$ Standardkonfiguration: $\mathcal{T}(\sigma) = 0 = \mathcal{T}'(\sigma)$

Abb. 3.5 Lorentztransformation

$$
\begin{aligned}
T(\beta^*) &= \frac{\mathcal{T}(\alpha) + \mathcal{T}(\gamma)}{2} \\
&\overset{\text{Gl. 3.4}}{=} \frac{\frac{\mathcal{T}'(\alpha')}{k} + k \cdot \mathcal{T}'(\gamma')}{2}, \quad k = \sqrt{\frac{1+V}{1-V}} \\
&= \frac{\sqrt{1-V} \cdot \mathcal{T}'(\alpha')}{2 \cdot \sqrt{1+V}} + \frac{\sqrt{1+V} \cdot \mathcal{T}'(\gamma')}{2 \cdot \sqrt{1-V}} \\
&= \frac{1}{2 \cdot \sqrt{1-V^2}} \cdot \Big((1-V) \cdot \mathcal{T}'(\alpha') + (1+V) \cdot \mathcal{T}'(\gamma') \Big) \\
&= \frac{1}{\sqrt{1-V^2}} \cdot \left(\frac{\mathcal{T}'(\gamma') + \mathcal{T}'(\alpha')}{2} + V \cdot \frac{\mathcal{T}'(\gamma') - \mathcal{T}'(\alpha')}{2} \right) \\
&= \frac{1}{\sqrt{1-V^2}} \cdot \Big(T'(\beta^*) + V \cdot X'(\beta^*) \Big)
\end{aligned}
$$

Analog erhalten wir

$$
\begin{aligned}
X(\beta^*) &= \frac{\mathcal{T}(\gamma) - \mathcal{T}(\alpha)}{2} \\
&= \frac{1}{\sqrt{1-V^2}} \cdot \left(X^{'}(\beta^*) + V \cdot T^{'}(\beta^*)\right), \quad g(V) := \frac{1}{\sqrt{1-V^2}} \\
&= g(V) \cdot \left(X^{'}(\beta^*) + V \cdot T^{'}(\beta^*)\right).
\end{aligned}
$$

Satz 3.1 (Lorentztransformationen) *Es seien $\mathcal{P}$ und*[2] *$\mathcal{P}^{'}$ Perzeptronen in Standardkonfiguration und β^* ein beliebiges Ereignis, dann gelten die folgenden linearen Beziehungen zwischen den Lorentzkoordinaten von β^* bezüglich der beiden Perzeptronen:*

$$
T(\beta^*) = g(V) \cdot (T^{'}(\beta^*) + V \cdot X^{'}(\beta^*)), \quad X(\beta^*) = g(V) \cdot (X^{'}(\beta^*) + V \cdot T^{'}(\beta^*)),
$$

die inversen Transformationen können durch Ersetzen von V durch $-V$ bestimmt werden

$$
T^{'}(\beta^*) = g(V) \cdot (T(\beta^*) - V \cdot X(\beta^*)), \quad X^{'}(\beta^*) = g(V) \cdot (X(\beta^*) - V \cdot T(\beta^*)).
$$

Bemerkungen und Beispiele

1. Wir betrachten drei Perzeptronen $\mathcal{P}, \mathcal{P}^{'}$ und $\mathcal{P}^{''}$, dabei bewege sich $\mathcal{P}^{'}$ bezüglich $\mathcal{P}$ mit Geschwindigkeit V und $\mathcal{P}^{''}$ bezüglich $\mathcal{P}^{'}$ mit Geschwindigkeit $V^{'}$. Für ein beliebiges Ereignis β^* erhalten wir

$$
\begin{aligned}
T(\beta^*) &= g(V)(T^{'}(\beta^*) + V \cdot X^{'}(\beta^*)) \\
&= g(V) \cdot g(V^{'}) \left(T^{''}(\beta^*) + V^{'} \cdot X^{''}(\beta^*) + V \cdot X^{''}(\beta^*) + V \cdot V^{'} \cdot T^{''}(\beta \right. \\
&= g(V) \cdot g(V^{'})(1 + V \cdot V^{'}) \left(T^{''}(\beta^*) + \frac{V + V^{'}}{1 + V \cdot V^{'}} \cdot X^{''}(\beta^*)\right) \\
&\overset{\text{Gl. 5.14}}{=} g(V \oplus V^{'}) \left(T^{''}(\beta^*) + V \oplus V^{'} \cdot X^{''}(\beta^*)\right).
\end{aligned}
$$

Analog gilt

[2](Resnick 1976, S. 61): *Ursprünglich gab Poincaré den Gleichungen diesen Namen. Lorentz hatte sie in seiner klassischen Elektronentheorie vor Einstein vorgeschlagen. Für Lorentz war V jedoch die Geschwindigkeit relativ zu einem absoluten Äthersystem; auch hatte er die Gleichungen anders interpretiert.*

$$X(\beta^*) = g(V \oplus V^{'})\left(X^{''}(\beta^*) + V \oplus V^{'} \cdot T^{''}(\beta^*)\right).$$

Die Komposition von zwei Lorentztransformationen ist wieder eine Lorentztransformation, als Relativgeschwindigkeit ist $V \oplus V^{'}$ zu verwenden.

2. Aus den Bonditransformationen 3.4 folgt für die Situation in Abb. 3.2 unmittelbar

$$\sqrt{\mathcal{T}(\alpha) \cdot \mathcal{T}(\gamma)} = \sqrt{\frac{\mathcal{T}^{'}(\beta^{'})}{k(V)} \cdot k(V) \cdot \mathcal{T}^{'}(\beta^{'})} = \mathcal{T}^{'}(\beta^{'}). \tag{3.5}$$

3. Wenn $\mathcal{P}$ und $\mathcal{P}^{'}$ Perzeptronen in Standardkonfiguration gemäss Abb. 3.5 sind, gilt stets

$$\mathcal{T}(\alpha) \cdot \mathcal{T}(\gamma) = \frac{\mathcal{T}^{'}(\alpha^{'})}{k(V)} \cdot k(V) \cdot \mathcal{T}^{'}(\gamma^{'}) = \mathcal{T}^{'}(\alpha^{'}) \cdot \mathcal{T}^{'}(\gamma^{'}). \tag{3.6}$$

Daraus folgt, dass das Quadrat m der *Minkowskinorm*

$$m((T(\beta^*) \mid X(\beta^*))) := T^2(\beta^*) - X^2(\beta^*)$$

unabhängig vom wahrnehmenden Perzeptron ist.

$$\begin{aligned} m((T(\beta^*)|X(\beta^*))) &= (T(\beta^*))^2 - (X(\beta^*))^2 \\ &= \frac{1}{4}\left[(\mathcal{T}(\alpha) + \mathcal{T}(\gamma))^2 - (\mathcal{T}(\alpha) - \mathcal{T}(\gamma))^2\right] \\ &= \mathcal{T}(\alpha) \cdot \mathcal{T}(\gamma) \\ &= \mathcal{T}^{'}(\alpha^{'}) \cdot \mathcal{T}^{'}(\gamma^{'}) \\ &= m((T^{'}(\beta^*) \mid X^{'}(\beta^*))) \end{aligned}$$

Das Quadrat der Minkowskinorm eines Ereignisses β^* wird vermittels dessen Koordinaten $(T(\beta^*) \mid X(\beta^*))$ gebildet, dabei ist es belanglos, durch welches Perzeptron die Koordinaten ermittelt werden. Die Funktion m ist somit eine Funktion auf der Menge der Ereignisse selbst

$$m : \beta^* \mapsto m(\beta^*) := m((T(\beta^*) \mid X(\beta^*))).$$

Am Eidgenössischen Polytechnikum hat Albert Einstein, mit mässiger Begeisterung, verschiedene Lehrveranstaltungen beim Mathematiker Hermann Minkowski (1864–1909) besucht. Nachdem Einstein im Sommer 1905 die Relativitätstheorie veröffentlicht hatte, fand diese auch die Aufmerksamkeit des erstaunten Minkowski, der von seinem ehemaligen Studenten derartiges keinesfalls erwartet hätte. Minkowski verwandelte Einsteins physikalische Theorie in ein Stück vierdimensionale Geometrie, die Zeit erscheint darin als imaginäre Koordinate. Einstein war gar nicht begeistert, hatte er sich doch bereits bei der Maturitätsprüfung in Aarau schwergetan mit den Begriffen *irrational* und *imaginär,* siehe (Hunziker 2005, S. 32). In Minkowskis Arbeit sah er lediglich überflüssige Gelehrsamkeit und frotzelte:

> (Fölsing 1994, S. 283): Seit die Mathematiker über die Relativitätstheorie hergefallen sind, verstehe ich sie selbst nicht mehr.

Erst als Einstein ab 1912 mit der Verallgemeinerung seiner Relativitätstheorie rang, erkannte er den Nutzen der von Minkowski entwickelten Methode. Minkowski aber war zwischenzeitlich verstorben und konnte sich über diese Anerkennung nicht mehr freuen.

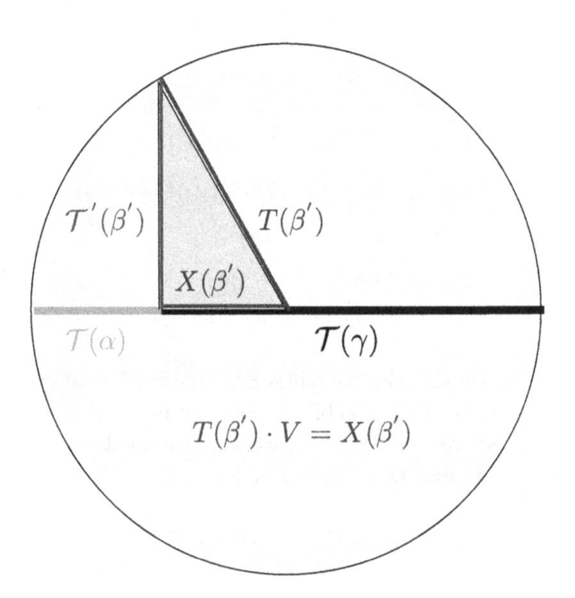

Abb. 3.6 Mittelwerte

4. Die Beziehungen zwischen den beim Kommunikationsprozess gemäss Abb. 3.2 auftretenden Grössen können an der Kreisfigur in Abb. 3.6 geometrisch interpretiert werden.

$$\begin{aligned} T(\beta') &= \frac{1}{2}(\mathcal{T}(\alpha) + \mathcal{T}(\gamma)) \\ \mathcal{T}'(\beta') &\overset{\text{Gl. 3.5}}{=} \sqrt{\mathcal{T}(\alpha) \cdot \mathcal{T}(\gamma)} \\ (\mathcal{T}'(\beta'))^2 &= T^2(\beta') - X^2(\beta') \end{aligned}$$

3.4 Zeit- und Längendehnung

Wir betrachten die Situation gemäss Abb. 3.5 und die beiden Ereignisse β_1^* und β_2^*, die bezüglich $\mathcal{P}'$ ortsgleich sind: $X'(\beta_1^*) = X'(\beta_2^*)$. Dann gilt

$$\begin{aligned} T(\beta_2^*) - T(\beta_1^*) &\overset{\text{Satz 3.1}}{=} g(V) \cdot [T'(\beta_2^*) - T'(\beta_1^*) + V \cdot (X'(\beta_2^*) - X'(\beta_1^*))] \\ &= \frac{1}{\sqrt{1 - V^2}} \cdot (T'(\beta_2^*) - T'(\beta_1^*)) \end{aligned}$$

und

$$\begin{aligned} X(\beta_2^*) - X(\beta_1^*) &\overset{\text{Satz 3.1}}{=} g(V) \cdot [X'(\beta_2^*) - X'(\beta_1^*) + V \cdot (T'(\beta_2^*) - T'(\beta_1^*))] \\ &= \frac{1}{\sqrt{1 - V^2}} \cdot (T'(\beta_2^*) - T'(\beta_1^*)) \cdot V \\ &= (T(\beta_2^*) - T(\beta_1^*)) \cdot V. \end{aligned}$$

Zeitdehnung: Gegeben sind zwei Ereignisse β_1^* und β_2^*, die bezüglich $\mathcal{P}'$ ortsgleich sind. Wir können die beiden Ereignisse als Glockenschläge einer bezüglich $\mathcal{P}'$ ortsfesten Turmuhr[3] auffassen. Dann gilt für deren zeitlichen Abstand bezüglich $\mathcal{P}$

$$\Delta T(\beta_1^*, \beta_2^*) = \frac{\Delta T'(\beta_1^*, \beta_2^*)}{\sqrt{1 - V^2}} > \Delta T'(\beta_1^*, \beta_2^*). \tag{3.7}$$

[3] Am 26. April 1896, während Einsteins Aufenthalt in Aarau, konnte die 1802 gegründete Aargauische Kantonsschule ein neues, grosszügiges Schulgebäude einweihen. Besonders stolz war Rektor Tuchschmid, dem Pflichtbewusstsein und Pünktlichkeit in den Adern floss, auf die neue Turmuhr (Abb. 3.7), sie rief die Schüler mit weithin hörbarem Glockenschlag zum Unterricht.

Der Zeitabstand zweier Ereignisse ist für jenes Perzeptron am kleinsten bezüglich dem die beiden Ereignisse ortsgleich sind.
Wir betrachten die Situation gemäss Abb. 3.5 und zwei Ereignisse β_1^* und β_2^*, die bezüglich $\mathcal{P}'$ zeitgleich sind, $T'(\beta_1^*) = T'(\beta_2^*)$. Dann gilt

$$\begin{aligned} X(\beta_2^*) - X(\beta_1^*) &\stackrel{\text{Satz 3.1}}{=} g(V) \cdot [X'(\beta_2^*) - X'(\beta_1^*) + V \cdot (T'(\beta_2^*) - T'(\beta_1^*))] \\ &= \frac{1}{\sqrt{1-V^2}} \cdot (X'(\beta_2^*) - X'(\beta_1^*)) \end{aligned}$$

und

$$\begin{aligned} T(\beta_2^*) - T(\beta_1^*) &\stackrel{\text{Satz 3.1}}{=} g(V) \cdot [T'(\beta_2^*) - T'(\beta_1^*) + V \cdot (X'(\beta_2^*) - X'(\beta_1^*))] \\ &= \frac{1}{\sqrt{1-V^2}} \cdot (X'(\beta_2^*) - X'(\beta_1^*)) \cdot V \\ &= (X(\beta_2^*) - X(\beta_1^*)) \cdot V. \end{aligned}$$

Abb. 3.7 Turmuhr der Aargauischen Kantonsschule aus dem Jahr 1896 (Foto: Dr. M. Meier, Aarau, 2016)

Längendehnung: Gegeben sind zwei Ereignisse β_1^* und β_2^*, die bezüglich $\mathcal{P}'$ zeitgleich sind. Dann gilt für deren räumliche Distanz bezüglich $\mathcal{P}$

$$\Delta X(\beta_1^*, \beta_2^*) = \frac{\Delta X'(\beta_1^*, \beta_2^*)}{\sqrt{1-V^2}} > \Delta X'(\beta_1^*, \beta_2^*), \tag{3.8}$$

d. h. die Raumdistanz zweier Ereignisse ist für jenes Perzeptron am kleinsten bezüglich dem die beiden Ereignisse zeitgleich sind. In den meisten Lehrbüchern zur SRT wird eine leicht modifizierte Situation betrachtet und von *Längenkontraktion* und nicht von *Längendehnung* gesprochen. Die beiden Ereignisse β_1^* und β_2^* werden als Endmarkierungen eines bezüglich $\mathcal{P}'$ ruhenden Stabes aufgefasst. Die als *Ruhelänge* bezeichnete Grösse $l' = X'(\beta_2^*) - X'(\beta_1^*)$ ist wegen der Ruhelage des Stabes bezüglich $\mathcal{P}'$ unabhängig von den Zeiten $T'(\beta_1^*)$ und $T'(\beta_2^*)$. Als Länge des Stabes bezüglich $\mathcal{P}$ definiert man $l := X(\beta_2^*) - X(\beta_1^*)$, wobei die Ereignisse β_1^* und β_2^* gleichzeitig bezüglich $\mathcal{P}$ sein sollen. Aus

$$\begin{aligned}\Delta X'(\beta_1^*, \beta_2^*) &= \frac{1}{\sqrt{1-V^2}} \cdot [\Delta X(\beta_1^*, \beta_2^*)) - V \cdot \underbrace{\Delta T(\beta_1^*, \beta_2^*))}_{=0}] \\ &= \frac{1}{\sqrt{1-V^2}} \cdot \Delta X(\beta_1^*, \beta_2^*))\end{aligned}$$

erhalten wir

$$l = \Delta X(\beta_1^*, \beta_2^*)) = \sqrt{1-V^2} \cdot \Delta X'(\beta_1^*, \beta_2^*)) = \sqrt{1-V^2} \cdot l'$$

und etwas salopp sagt man: *Bewegte Stäbe werden verkürzt wahrgenommen.*[4]

[4]Hätte Einstein, wie in seiner *Aarauer Frage* formuliert, siehe Abschn. 1.3, tatsächlich auf einem Lichtstrahl an der imposanten Südfassade des Aarauer Kantonsschulhauses (Abb. 3.8) vorbeifliegen können und hätte er die Augen eines Perzeptrons gehabt, wäre ihm diese aufgrund der Längenkontraktion zur Lächerlichkeit geschrumpft erschienen.

Abb. 3.8 A. Reckziegel, Aargauische Kantonsschule um 1900 (Quelle: Staehelin 2002, S. 116)

3.5 Transformation der Geschwindigkeit

Wir orientieren uns an der Situation in Abb. 3.5 und verwenden die Bonditransformationen 3.4, um den Ausdruck $\frac{dT(\gamma)}{dT(\alpha)}$ in den gestrichenen Grössen auszudrücken

$$\begin{aligned}\frac{dT(\gamma)}{dT(\alpha)} &= k(V)\cdot\frac{dT'(\gamma')}{dT'(\alpha')}\cdot\frac{dT'(\alpha')}{dT(\alpha)}\\ &= k^2(V)\cdot\frac{dT'(\gamma')}{dT'(\alpha')}\\ &\overset{\text{Gl. 2.2}}{=} \frac{1+V}{1-V}\cdot\frac{1+U'(T'(\beta^*))}{1-U'(T'(\beta^*))}.\end{aligned}$$

Für die Geschwindigkeit $U(T(\beta^*))$ gilt gemäss Gl. 2.2

$$U(\mathcal{T}(\beta^*)) = \frac{\frac{d\mathcal{T}(\gamma)}{d\mathcal{T}(\alpha)} - 1}{\frac{d\mathcal{T}(\gamma)}{d\mathcal{T}(\alpha)} + 1}$$
$$= \frac{\frac{1+V}{1-V} \cdot \frac{1+U'(\mathcal{T}'(\beta^*))}{1-U'(\mathcal{T}'(\beta^*))} - 1}{\frac{1+V}{1-V} \cdot \frac{1+U'(\mathcal{T}'(\beta^*))}{1-U'(\mathcal{T}'(\beta^*))} + 1}$$
$$= \frac{V + U'(\mathcal{T}'(\beta^*))}{1 + V \cdot U'(\mathcal{T}'(\beta^*))}.$$

Satz 3.2 (Geschwindigkeitstransformation) *Das Perzeptron $\mathcal{P}'$ entferne sich mit Geschwindigkeit V von $\mathcal{P}$, das Reflexon $\mathcal{R}^*$ hat bezüglich $\mathcal{P}'$ die Geschwindigkeit $U'(\mathcal{T}'(\beta^*))$. Dann hat $\mathcal{R}^*$ bezüglich $\mathcal{P}$ die Geschwindigkeit*

$$U(\mathcal{T}(\beta^*)) = \frac{V + U'(\mathcal{T}'(\beta^*))}{1 + V \cdot U'(\mathcal{T}'(\beta^*))} \tag{3.9}$$
$$= V \oplus U'(\mathcal{T}'(\beta^*)).$$

3.6 Transformation der Beschleunigung

Wir orientieren uns wiederum an der Situation der Abb. 3.5 und verwenden die Bonditransformationen 3.4

$$\frac{d^2\mathcal{T}(\gamma)}{d(\mathcal{T}(\alpha))^2} = k^3(V) \cdot \frac{d^2\mathcal{T}'(\gamma')}{d(\mathcal{T}'(\alpha'))^2},$$

woraus wir

$$A(\mathcal{T}(\beta^*)) \overset{\text{Gl. 2.3}}{=} \frac{4 \cdot \frac{d^2\mathcal{T}(\gamma)}{d(\mathcal{T}(\alpha))^2}}{\left(\frac{d\mathcal{T}(\gamma)}{d\mathcal{T}(\alpha)} + 1\right)^3}$$
$$= \frac{4 \cdot k^3(V) \cdot \frac{d^2\mathcal{T}'(\gamma')}{d(\mathcal{T}'(\alpha'))^2}}{\left(k^2(V) \cdot \frac{d\mathcal{T}'(\gamma')}{d\mathcal{T}'(\alpha')} + 1\right)^3}$$
$$= A'(\mathcal{T}'(\beta^*)) \cdot k^3(V) \cdot \left(\frac{\frac{d\mathcal{T}'(\gamma')}{d\mathcal{T}'(\alpha')} + 1}{k^2(V) \cdot \frac{d\mathcal{T}'(\gamma')}{d\mathcal{T}'(\alpha')} + 1}\right)^3$$

$$= \quad A^{'}(T^{'}(\beta^{*})) \cdot k^{3}(V) \cdot \left(\frac{\frac{1+U^{'}(T^{'}(\beta^{*}))}{1-U^{'}(T^{'}(\beta^{*}))} + 1}{\frac{1+V}{1-V} \cdot \frac{1+U^{'}(T^{'}(\beta^{*}))}{1-U^{'}(T^{'}(\beta^{*}))} + 1} \right)^{3}$$

$$= \quad A^{'}(T^{'}(\beta^{*})) \cdot \left(\frac{\sqrt{1-V^{2}}}{1 + V \cdot U^{'}(T^{'}(\beta^{*}))} \right)^{3}$$

erhalten.

Satz 3.3 (Beschleunigungstransformation) *Das Perzeptron $\mathcal{P}^{'}$ entferne sich mit Geschwindigkeit V von $\mathcal{P}$, das Reflexon $\mathcal{R}^{*}$ habe bezüglich $\mathcal{P}^{'}$ die Beschleunigung $A^{'}(T^{'}(\beta^{*}))$ und die Geschwindigkeit $U^{'}(T^{'}(\beta^{*}))$. Dann hat $\mathcal{R}^{*}$ bezüglich $\mathcal{P}$ die Beschleunigung*

$$A(T(\beta^{*})) = A^{'}(T^{'}(\beta^{*})) \cdot \left(\frac{\sqrt{1-V^{2}}}{1 + V \cdot U^{'}(T^{'}(\beta^{*}))} \right)^{3}. \tag{3.10}$$

4 Einstein gegen Bond(i)

Die Vorstellung, dass die Welt vom Menschen in vollkommener Weise wahrgenommen wird, ist zwar weit verbreitet, aber doch naiv. Das Zusammenspiel zwischen den Sinnesorganen, dem menschlichen Geist und der Aussenwelt ist höchst komplex und das im Kopf entstehende Abbild der Welt in vieler Hinsicht verzerrt und verfälscht. Es ist eminent bedeutungsvoll, die Wahrnehmungsmechanismen im Detail zu kennen und deren Anteil bei der geistigen Rekonstruktion der Realwelt zu berücksichtigen. Nur jene geistigen Bilder, die unabhängig von individuellem Einfluss sind, widerspiegeln tatsächliches Naturgeschehen. In der bahnbrechenden Arbeit *Zur Elektrodynamik bewegter Körper* aus dem Jahr 1905 konstruiert Albert Einstein einen Wahrnehmungsmechanismus (Bezugssystem), siehe (Einstein 1989, S. 277–208), bestehend aus einem sich frei bewegenden starren Raumgitter in dessen Knotenpunkten sich synchronisierte Uhren befinden. Derartige, wahrnehmende Gitter (Abb. 4.1) nennen wir *Einsteinbeobachter.* Im eindimensionalen Fall ist der Einsteinbeobachter ein starrer Stab mit äquidistant angebrachten, synchronisierten Uhren. Im vorliegenden Abschnitt wird der Einsteinbeobachter mit dem konzeptuell einfacheren Wahrnehmungssystem des Perzeptrons verglichen und es wird gezeigt, dass diese in ihren Wirkungsweisen gleichwertig sind.

Wenn wir zwei alltägliche Ereignisse α und β betrachten und diese bezüglich Lage und Zeit beurteilen, gelangen wir beispielsweise zu folgendem Ergebnis:

$$\alpha \text{ ist näher bei mir als } \beta.$$
$$\alpha \text{ ist früher als } \beta.$$

Ohne weiteres ist uns bewusst, dass bei einem Lageurteil der eigene Standort einzubeziehen ist. Wir glauben jedoch, dass im Urteil über die zeitliche Reihenfolge von Ereignissen kein Bezug zum Beobachter einfliesse. Aufgrund der Alltagserfahrung

H. Hunziker, *Bondifaktoren*, essentials,
https://doi.org/10.1007/978-3-658-32298-4_4

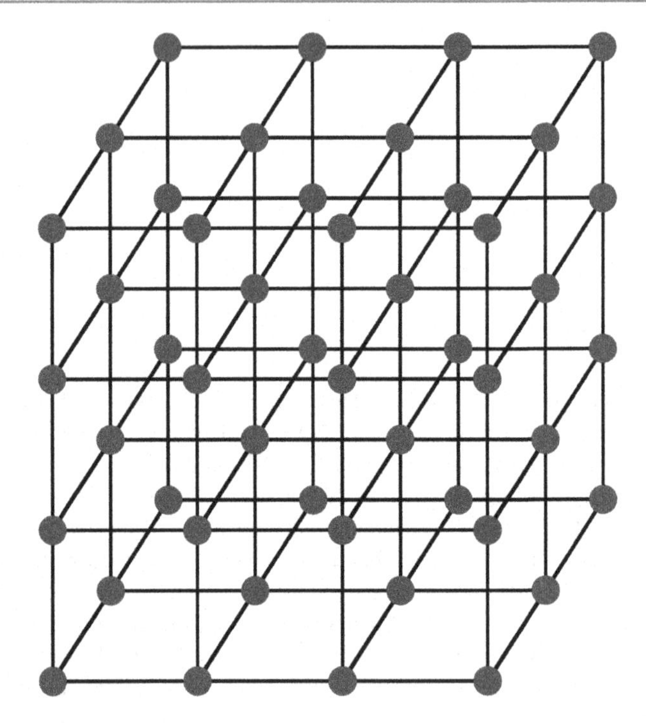

Abb. 4.1 Einsteinbeobachter

sind wir überzeugt, dass es eine einzige universelle Zeit gibt: *Newtonsche absolute Zeit.* Albert Einstein hat jedoch in seiner Relativitätstheorie von 1905 bewiesen, dass jeder Inertialbeobachter in seiner eigenen Zeit lebt und somit auch die Urteile über die zeitliche Abfolge von Ereignissen, genau wie jene über den Ort, vom Beobachter beeinflusst sind. Auf dem Weg zu einem soliden Verständnis der SRT ist die Relativität des Zeitbegriffs die grösste psychologische Hürde, die zu überwinden ist.

4.1 Synchronisieren von ortsfesten Perzeptronen und Uhren

Definition 4.1 *Wir betrachten die gegenseitig ortsfesten Perzeptronen $\mathcal{P}$ und $\mathcal{P}'$ gemäss Abb. 4.2. Diese nennen wir synchronisiert, wenn für beliebige Ereignispaare* $(\alpha|\gamma')$

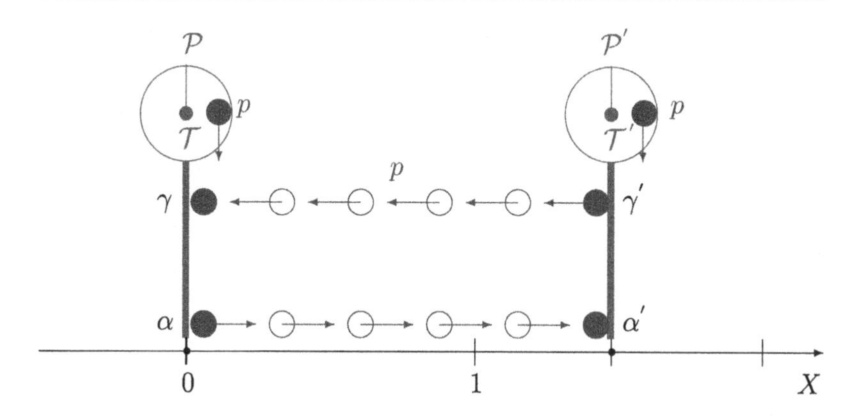

$\alpha = $ « p verlässt $\mathcal{P}$ » $\alpha' = $ « p trifft auf $\mathcal{P}'$ »

$\gamma = $ « p trifft auf $\mathcal{P}$ » $\gamma' = $ « p verlässt $\mathcal{P}'$ »

Abb. 4.2 Uhrensynchronisation

$$\mathcal{T}(\alpha) + \mathcal{T}(\gamma) = \mathcal{T}'(\alpha') + \mathcal{T}'(\gamma')$$

gilt [1] *und schreiben* $\mathcal{P}\,\sigma\,\mathcal{P}'$.

Bemerkungen

1. Die Synchronität ist eine Äquivalenzrelation. Wir weisen lediglich die Transitivität nach, Reflexivität und Symmetrie sind offensichtlich. Wir orientieren uns dazu an Abb. 4.3 und gehen aus von $\mathcal{P}\,\sigma\,\mathcal{P}'$ und $\mathcal{P}\,\sigma\,\mathcal{P}''$

$$\mathcal{T}(\alpha) + \mathcal{T}(\gamma) = \mathcal{T}'(\alpha') + \mathcal{T}'(\gamma')$$
$$\mathcal{T}(\alpha) + \mathcal{T}(\gamma) = \mathcal{T}''(\alpha'') + \mathcal{T}''(\gamma'')$$

   und erhalten

$$\mathcal{T}'(\alpha') + \mathcal{T}'(\gamma') = \mathcal{T}''(\alpha'') + \mathcal{T}''(\gamma'')$$

   oder $\mathcal{P}'\,\sigma\,\mathcal{P}''$.

[1] Albert Einstein hat in (Einstein 1989, S. 279) eine etwas weniger einschränkende Definition für die Uhrensynchronität gewählt. Im Sinne einer Kompensation postuliert er allerdings zusätzlich, dass die Synchronität eine Äquivalenzrelation ist.

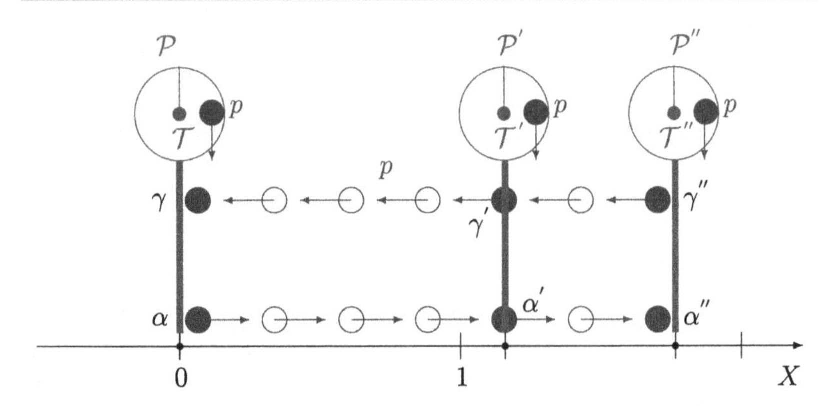

Abb. 4.3 Transitivität der Synchronität

2. In (Einstein 1989, S. 279) legt Albert Einstein fest, wann zwei ortsfeste Uhren als synchronisiert gelten sollen. Verglichen mit Definition 4.1 ist Einsteins Definition weniger einschränkend.

Definition 4.2 *Wir betrachten die ortsfesten Perzeptronen $\mathcal{P}$ und $\mathcal{P}'$ entsprechend Abb. 4.4. Die Perzeptronen heissen Einsteinsynchronisiert, wenn für jedes beliebige Ereignis α*

$$\mathcal{T}(\alpha) + \mathcal{T}(\gamma) = 2 \cdot \mathcal{T}'(\beta')$$

gilt, man schreibt dann $\mathcal{P}\, \sigma_E\, \mathcal{P}'$.

Einstein war sich offenbar bewusst, dass die Definition 4.2 nicht hinreichend restriktiv ist, um daraus jene Eigenschaften zu folgern, die von einem stimmigen Synchronismus zu fordern sind, und schrieb in (Einstein 1989, S. 279):

> Wir nehmen an, dass diese Definition des Synchronismus in widerspruchsfreier Weise möglich sei, und zwar für beliebig viele Punkte, dass also allgemein die Beziehungen gelten:
>
> 1. Wenn die Uhr in B synchron mit der Uhr in A läuft, so läuft die Uhr in A synchron mit der Uhr in B.
> 2. Wenn die Uhr in A sowohl mit der Uhr in B als auch mit der Uhr in C synchron läuft, so laufen auch die Uhren in B und C synchron relativ zueinander.

Es wurden verschiedene Versuche unternommen, nachzuweisen, dass die Einsteinsynchronität allein aufgrund ihrer Definition eine Äquivalenzrelation ist. Es hat sich aber gezeigt, dass dies ohne zusätzliche Annahmen unmöglich ist. Für Genaueres wird auf (Weyl 1961, S. 166; Jammer 2006, S. 207) verwiesen.

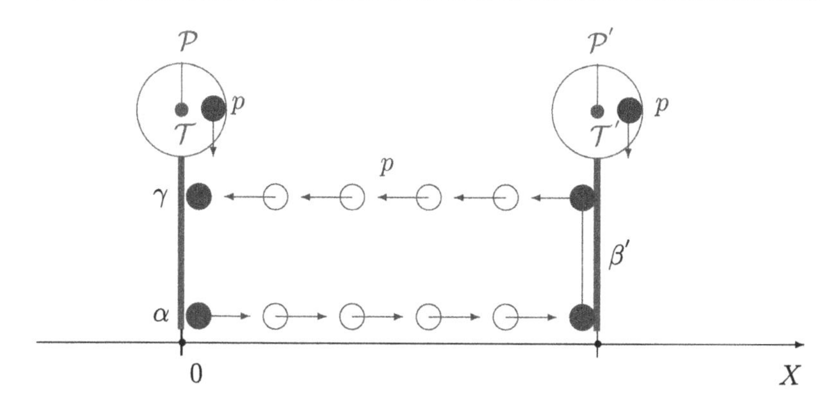

$\alpha = \ll p \text{ verlässt } \mathcal{P} \gg$ $\beta' = \ll p \text{ wird } \mathcal{P}' \text{ reflektiert} \gg$

$\gamma = \ll p \text{ trifft auf } \mathcal{P} \gg$ 41

Abb. 4.4 Einsteinsynchronisation

4.2 Perzeptron und Einsteinbeobachter

Das Perzeptron $\mathcal{P}$, Archetypus des Beobachters, ist ein wahrnehmendes Subjekt, das in der Lage ist, einem beliebigen Ereignis $\beta^{'}$ des Weltgeschehens Ω (Menge aller Ereignisse) in konsistenter Weise eine Zeit $T(\beta^{'})$ und einen Ort $X(\beta^{'})$ zuzuordnen. Bei Einstein (Einstein 1989, S. 276–279) wird das Beobachten nicht an ein einzelnes Perzeptron delegiert, sondern von einer ganzen Schar von Perzeptronen übernommen. Einstein geht im eindimensionalen Fall von einem starren Stab aus, in Abb. 4.5 als X-Achse dargestellt, und befestigt in jeder Längenmarke ein Perzeptron, bei Einstein *Uhr* genannt, das mit dem Perzeptron $\mathcal{P}_O$ im Ursprung gemäss Definition 4.2 synchronisiert ist. Das Perzeptron im Ursprung O bezeichnen wir als *Masterperzeptron* $\mathcal{P}_O$, weil sich seine Rolle von jener der übrigen Perzeptronen, die zu lokalen Zeitnehmern degradiert sind, unterscheidet. Beim Eintreten des Ereignisses $\beta^{'} = \ll$ Photon p trifft auf $\mathcal{P}^{'} \gg$ stellt das Perzeptron $\mathcal{P}^{'}$ die eigene aktuelle Uhrzeit $\mathcal{T}^{'}(\beta^{'})$ fest und sendet die Information $(\mathcal{T}^{'}(\beta^{'})|a)$, $\mathcal{P}^{'}$ ist an der Stelle $X = a$ fixiert, über die als Datenleitung ausgebildete X-Achse an das Masterperzeptron $\mathcal{P}_O$, das die Meldung übernimmt und als Wertepaar $(T_E(\beta^{'})|X_E(\beta^{'}))$ interpretiert und abspeichert.

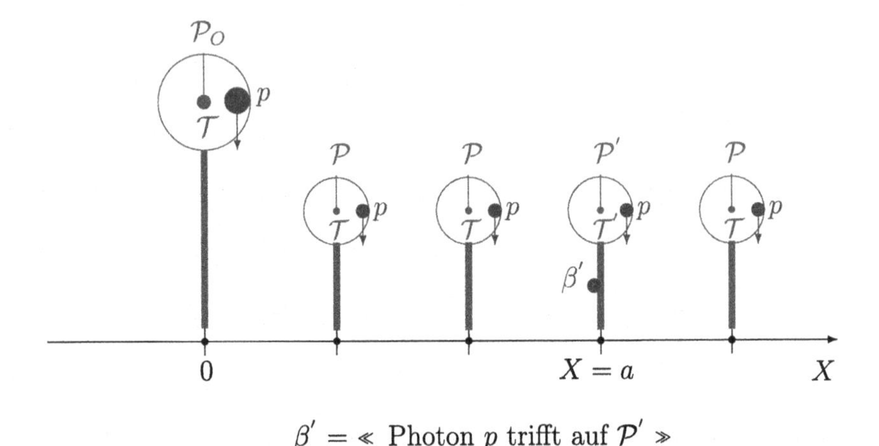

Abb. 4.5 Einsteinbeobachter 1

In (Einstein 1989, S. 279) beschreibt Albert Einstein die Funktionsweise des Einsteinbeobachters:

> Die „Zeit"eines Ereignisses ist die mit dem Ereignis gleichzeitige Angabe einer am Orte des Ereignisses befindlichen, ruhenden Uhr, welche mit einer bestimmten, ruhenden Uhr, und zwar für alle Zeitbestimmungen mit der nämlichen Uhr, synchron läuft.

Wir zeigen nun, dass die Zeit- und Ortszuweisungen des Einsteinbeobachters mit jenen des Perzeptrons identisch sind und die beiden Beobachtungssysteme deshalb grundsätzlich als gleichwertig zu betrachten sind. Allerdings hat das Konzept des Perzeptrons zumindest in didaktischer Hinsicht Vorteile. Der Wahrnehmungsmechanismus des Perzeptrons ist dem menschlichen Sehen verwandt, er ist deshalb natürlich und in hohem Masse intuitiv. Der allein aus dem Masterperzeptron $\mathcal{P}_O$ und dem Zeitnehmer $\mathcal{P}^{'}$ bestehende Einsteinbeobachter in Abb. 4.6 ordnet dem Ereignis $\beta^{'}$ Zeit und Ort wie folgt zu:

$$T_E(\beta^{'}) = \mathcal{T}^{'}(\beta^{'})$$
$$X_E(\beta^{'}) = a \,.$$

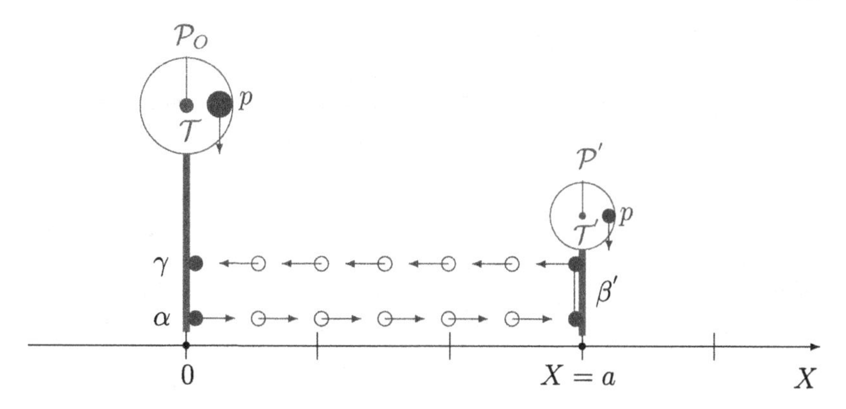

Abb. 4.6 Einsteinbeobachter 2

Für die Orts- und Zeitzuweisung des Perzeptrons $\mathcal{P}_O$ gilt unter Berücksichtigung von $\mathcal{P}_O\,\sigma_E\,\mathcal{P}'$:

$$\begin{aligned} T_O(\beta') &\overset{\text{Def. 2.4}}{=} \frac{1}{2} \cdot (\mathcal{T}_O(\gamma) + \mathcal{T}_O(\alpha)) \\ &\overset{\text{Def. 4.2}}{=} \mathcal{T}'(\beta') \\ &= T_E(\beta'), \end{aligned}$$

$$\begin{aligned} X_O(\beta') &\overset{\text{Def. 2.4}}{=} \frac{1}{2} \cdot (\mathcal{T}_O(\gamma) - \mathcal{T}_O(\alpha)) \\ &= a \\ &= X_E(\beta'). \end{aligned}$$

4.3 Früher kann auch später sein!

Es soll die Frage geklärt werden, ob es vermöge der Zeitzuordnung durch Perzeptronen gelingen kann, auf dem Weltgeschehen Ω eine totale Ordnungsrelation $\alpha \leq \beta :=$ « α ist nicht später als β » zu etablieren. Wir gehen aus von den Perzeptronen $\mathcal{P}$ und $\mathcal{P}^{'}$ in Standardkonfiguration, das zweite Perzeptron soll sich mit Geschwindigkeit V vom ersten wegbewegen, und bilden die *Zeitschichten* bezüglich der beiden Perzeptronenzeiten T und $T^{'}$

$$S_a := \{\alpha \in \Omega \mid T(\alpha) = a\}, \ a \in \mathbf{R} \quad \text{und} \quad S_b^{'} := \{\beta \in \Omega \mid T^{'}(\beta) = b\}, \ b \in \mathbf{R}.$$

Die Familien der Zeitschichten $(S_a)_{a\in\mathbf{R}}$ und $(S_b^{'})_{b\in\mathbf{R}}$ bilden je eine Klasseneinteilung von Ω

$$\Omega = \dot{\bigcup}_{a\in\mathbf{R}} S_a = \dot{\bigcup}_{b\in\mathbf{R}} S_b^{'} .$$

Wir betrachten Abb. 4.7 etwas genauer und stellen fest:

1. Die Darstellung einer Zeitschicht S_a im Raumzeitdiagramm des entsprechenden Perzeptrons $\mathcal{P}$ ist eine waagrechte Gerade.
2. Stellt man die Zeitschicht S_a im Raumzeitdiagramm des Perzeptrons $\mathcal{P}^{'}$ dar, das sich bezüglich $\mathcal{P}$ mit Geschwindigkeit $V = 0.6$ nach rechts bewegen soll, entsteht eine nicht waagrechte Gerade: Die Schicht S_a wird vom Perzeptron $\mathcal{P}^{'}$ nicht als Zeitschicht wahrgenommen. Während die Ereignisse α und β von $\mathcal{P}$ als gleichzeitig wahrgenommen werden, trifft dies für $\mathcal{P}^{'}$ nicht zu. Für die

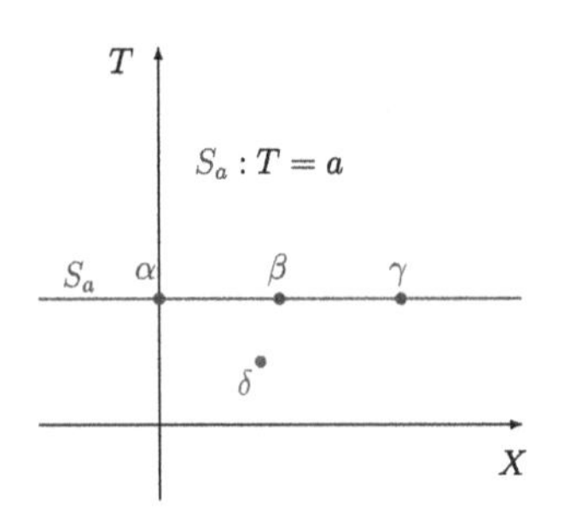

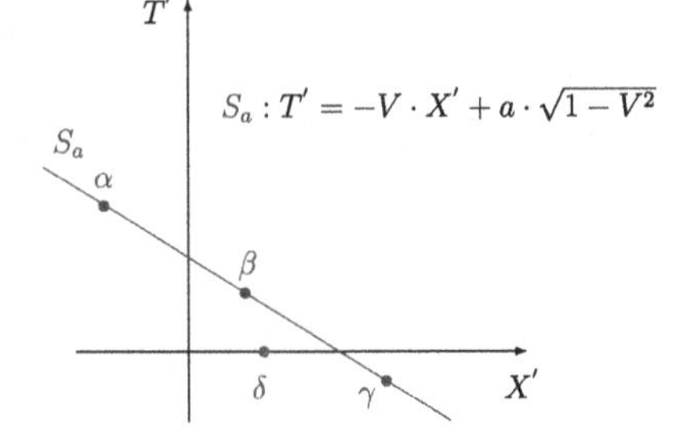

Abb. 4.7 Zeitschichten

Gleichung von S_a in den Raumzeit-Koordinaten von $\mathcal{P}'$ gilt

$$\begin{aligned} S_a &: T = a \\ S_a &: g(V)(T' + V \cdot X') \overset{\text{Satz 3.1}}{=} a \\ S_a &: T' + V \cdot X' = a \cdot \sqrt{1 - V^2} \\ S_a &: T' = -V \cdot X' + a \cdot \sqrt{1 - V^2}. \end{aligned}$$

3. Die Ereignisse α und β in Abb. 4.7 erscheinen dem Perzeptron $\mathcal{P}$ als gleichzeitig $T(\alpha) = T(\beta)$, für das Perzeptron $\mathcal{P}'$ gilt dagegen $T'(\beta) < T'(\alpha)$ und aus $T(\gamma) > T(\delta)$ wird gar $T'(\gamma) < T'(\delta)$. Früher kann auch später sein! Ob das Ereignis α früher als das Ereignis β wahrgenommen wird, hängt von der Natur des Ereignispaares aber auch vom wahrnehmenden Perzeptron ab. Die Ausgangsfrage ist damit beantwortet: Auf Ω existiert keine natürliche, totale Ordnungsrelation $\alpha \leq \beta :=$ « α ist nicht später als β ».
4. Die Vorstellung, dass die Gleichzeitigkeit und die zeitliche Reihenfolge von Ereignispaaren relativ oder beobachterabhängig sind, ist für den durch den Alltag geprägten und vom Newtonschen Zeitbegriff durchdrungenen Geist im Anfang nur schwer zu verkraften. Nicht überraschend, dass es um die Relativierung des Zeitbegriffs viele, verwirrende Gedankenspiele gibt (Bais 2007, S. 38): *The sequence of events is reversed. At first sight this appears to be a fatal inconsistency in the theory: how can the time ordering of events be relative? Doesn't that mean that Einstein went a bridge too far, and with his second postulate sacrificed the cherished notion of causality? Causality is not negotiable, because the whole physics rests on it. We don't like to think of effects followed by causes. Not because of some narrow-minded scientific prejudice, but rather because it would lead to disastrous contradictions that violate any sense of realitiy. Imagine somebody firing a gun and killing somebody else. If we reverse the situation so we first see the person killed and only at later instant see the firing of the gun, we could in principle interfere in order to " prevent", the fatal shot, but the victim is already dead ... This is nonsensical.*
5. Im vertrauten Newtonschen Weltmodell existiert eine universelle, beobachterunabhängige Zeitzuordnung $T_{\text{abs.}}$ auf Ω: *die absolute Zeit.* Es ist somit möglich, auf Ω eine totale Ordnungsrelation durch

$$\alpha \leq \beta :\Longleftrightarrow T_{\text{abs.}}(\alpha) \leq T_{\text{abs.}}(\beta)$$

einzuführen. Die absolute Zeit im Newtonschen Weltbild ist in der Existenz von beliebig schnellen Signalen begründet, was zur Folge hat, dass Ereignisse α und β mit $T_{\text{abs.}}(\alpha) < T_{\text{abs.}}(\beta)$ als Ursache und Wirkung aufgefasst werden können. Die Ordnungsrelation $\alpha < \beta$ auf Ω entspricht somit der Kausalrelation.

4.4 Relativistische Kausalität

Wir gehen aus von einem beliebigen Perzeptron $\mathcal{P}_O$ und bezeichnen mit $\mathcal{P}_V$ jenes Perzeptron, das sich bezüglich $\mathcal{P}_O$ mit Geschwindigkeit V bewegt und das mit diesem in Standardbeziehung steht. Die Familie der Perzeptronen

$$(\mathcal{P}_V)_{V\in]-1,1[}$$

nennt man die *vollständige Familie von* $\mathcal{P}_O$ und bezeichnet die entsprechenden Perzeptronenzeiten mit T_V und die Orte mit X_V.

Definition 4.3 *Wir nennen α kausalfrüher als β, wenn*

$$T_0(\beta) - T_0(\alpha) \geq |X_0(\beta) - X_0(\alpha)|$$

gilt und schreiben dann $\alpha \preceq \beta$.

Satz 4.1 (von der relativistischen Kausalität) *Seien $a, \beta \in \Omega$ und $(\mathcal{P}_V)_{V\in]-1,1[}$ die vollständige Familie von $\mathcal{P}_O$. Dann sind die folgenden Aussagen äquivalent.*

(a) $T_0(\beta) - T_0(\alpha) \geq |X_0(\beta) - X_0(\alpha)|$
(b) $T_V(\beta) - T_V(\alpha) \geq |X_V(\beta) - X_V(\alpha)|\,, \ \forall\ V \in]-1,1[$
(c) $T_V(\beta) - T_V(\alpha) \geq 0\,, \ \forall\ V \in]-1,1[$

Beweis
$(a) \Longrightarrow (b)$: Wir schreiben die Voraussetzung (a) in der Form

$$T_0(\beta) - T_0(\alpha) \pm (X_0(\beta) - X_0(\alpha)) \geq 0$$

und verwenden den Satz 3.1 über die Lorentztransformationen

$$\begin{aligned} T_0(\beta) - T_0(\alpha) &= g(V)[T_V(\beta) - T_V(\alpha) + V(X_V(\beta) - X_V(\alpha))] \\ X_0(\beta) - X_0(\alpha) &= g(V)[X_V(\beta) - X_V(\alpha) + V(T_V(\beta) - T_V(\alpha))]\,, \end{aligned}$$

woraus

$$\underbrace{(T_0(\beta) - T_0(\alpha)) \pm (X_0(\beta) - X_0(\alpha))}_{\geq 0} = \underbrace{g(V)(1 \pm V)}_{>0}[T_V(\beta) - T_V(\alpha) \pm (X_V(\beta) - X_V(\alpha))]$$

und damit (b) und offensichtlich auch (c) folgen

$$T_V(\beta) - T_V(\alpha) \geq |X_V(\beta) - X_V(\alpha)| .$$

$(c) \Longrightarrow (a)$: Aus

$$\begin{aligned} 0 &\overset{(c)}{\leq} T_V(\beta) - T_V(\alpha) \\ &\overset{\text{Satz 3.1}}{=} \underbrace{g(V)}_{>0}[T_0(\beta) - T_0(\alpha) - V(X_0(\beta) - X_0(\alpha))] \end{aligned}$$

folgt

$$T_0(\beta) - T_0(\alpha) \geq V(X_0(\beta) - X_0(\alpha)) , \ \forall V \in]-1, 1[$$

und daraus (a).

Bemerkungen

1. Im Gegensatz zur klassischen ist die relativistische Kausalrelation auf Ω nicht total, das heisst, es gibt Ereignispaare $(\alpha|\beta)$ für die weder α kausalfrüher noch kausalspäter als β ist.
2. Gemäss Satz 4.1 bedeutet $\alpha \preceq \beta$, dass ein von α ausgehendes Signal, dessen Geschwindigkeit kleiner oder gleich als jene der Photonen ist, das Ereignis β verursachen kann und damit α die Ursache von β sein könnte. Deshalb sprechen wir von der *Kausalfrüher-Relation.*
3. Die relativistische Kausalrelation ist transitiv, denn aus $\alpha \preceq \beta$ und $\beta \preceq \gamma$

$$T_O(\beta) - T_O(\alpha) \geq |X_O(\beta) - X_O(\alpha)|$$
$$T_O(\gamma) - T_O(\beta) \geq |X_O(\gamma) - X_O(\beta)|$$

folgt durch Addition der beiden Ungleichungen

$$\begin{aligned} T_O(\gamma) - T_O(\alpha) &\geq |X_O(\gamma) - X_O(\beta)| + |X_O(\beta) - X_O(\alpha)| \\ &\geq |X_O(\gamma) - X_O(\alpha)| \end{aligned}$$

und folglich $\alpha \preceq \gamma$.

Definition 4.4 *Wenn man die in der kausalen Zukunft von* α *liegenden Ereignisse zu einer Menge zusammenfasst*

$$\text{cone}(\alpha) := \{\beta \in \Omega\} \,|\, \alpha \preceq \beta\}\,,$$

so spricht man vom Lichtkegel von α *und bezeichnet diesen mit* cone(α).

Bemerkung Die Darstellung von cone(α) im Minkowskidiagramm des Perzeptrons $\mathcal{P}_0$ ist ein Kegel mit Spitze α. Um die Kegeleigenschaft nachzuweisen, gehen wir aus von Abb. 4.8. und betrachten den Strahl

$$\gamma = \alpha + s \cdot (\beta - \alpha)\,,\; s \in \mathbf{R}^+,\; \alpha \preceq \beta$$

und zeigen, dass dieser eine Teilmenge von cone(α) bildet.

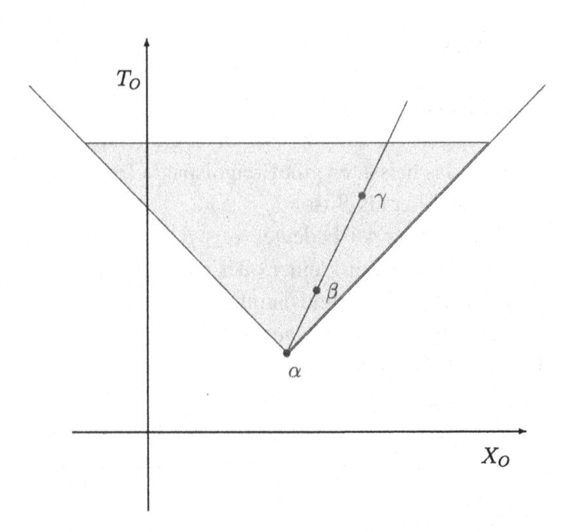

Abb. 4.8 Lichtkegel cone(α)

Für die Koordinaten des Ereignisses γ gilt

$$\begin{aligned} T_O(\gamma) &= T_O(\alpha) + s \cdot (T_O(\beta) - T_O(\alpha)) \\ X_O(\gamma) &= X_O(\alpha) + s \cdot (X_O(\beta) - X_O(\alpha)), \end{aligned}$$

woraus

$$\begin{aligned} T_O(\gamma) - T_O(\alpha) &= s \cdot (T_O(\beta) - T_O(\alpha)) \\ &\overset{\text{Satz 4.1}}{\geq} s \cdot |X_O(\beta) - X_O(\alpha)| \\ &= s \cdot \left| \frac{1}{s} \cdot (X_O(\gamma) - X_O(\alpha)) \right| \\ &= |X_O(\gamma) - X_O(\alpha)| \end{aligned}$$

und damit $\gamma \in \text{cone}(\alpha)$ folgt.

5 Relativistische Dynamik

In (Ott 1952) berichtet Einsteins Klassenkamerad Emil Ott (Abb. 5.1) über einen anfänglich kritisch beurteilten Neueintritt in die Kantonsschule.

> Im Oktober 1895 erhielt die dritte Klasse der damaligen Gewerbeschule (heute Oberrealabteilung geheissen) der Aargauischen Kantonsschule in Aarau Zuwachs an einem mittelgrossen Schüler mit schwebendem Gang, schwarzem Kraushaar und grossen dunklen Augen: dem sechzehnjährigen Albert Einstein. Gebürtig aus dem «Grossen Kanton», wurde er mit Zurückhaltung aufgenommen. Von Haus aus uns Schweizern in der deutschen Ausdrucksweise überlegen, verfügte er zudem über ein lebhaftes Gebärdenspiel. Was war echt, was gemacht? ...
>
> Das Verhältnis zu uns Klassengenossen erwärmte sich, sobald wir im scharfsinnigen Nachzügler auch den ungekünstelten Menschen, der lachen konnte und kein Spielverderber war, erkannten. Gewiss er war Alleingänger, jedoch nicht der einzige, und so liess jeder den anderen gewähren. ...

5.1 Klassische Impulserhaltung

Bisher haben wir uns ausschliesslich mit der Kinematik von Reflexonen und Perzeptronen beschäftigt. Interaktionen zwischen diesen beiden Basisobjekten und Ursachen (Kräfte), die deren Geschwindigkeit beeinflussen, wurden nicht betrachtet. Dies soll jetzt nachgeholt werden. Als zentraler Begriff taucht dabei die Masse auf, der die Materie eines Körpers quantifiziert. Unter einer *Punktmasse P* verstehen wir einen Körper, dessen Ausdehnung im Vergleich zu seinen Bewegungsstrecken vernachlässigbar ist. Funktionell entspricht die Punktmasse einem aus Materie bestehenden Reflexon. Die Quantität der den Körper bildenden Materie bezeichnen wir mit m. Soweit wir uns im Rahmen der klassischen Physik bewegen, das heisst,

H. Hunziker, *Bondifaktoren*, essentials,
https://doi.org/10.1007/978-3-658-32298-4_5

Abb. 5.1 Einstein mit Aarauer Klassenkameraden im Herbst 1896. (Foto: F. Mühlberg Quelle: Bildarchiv ETHZ)

sofern die betrachteten Geschwindigkeiten U viel kleiner als jene des Lichtes sind, ist m auch ein Mass für die Trägheit einer Punktmasse P, wie sie etwa in der Definition des *Impulses* $p := m \cdot U$ auftritt. Für jedes *freie System von Punktmassen* – es wirken ausschliesslich Kontaktkräfte zwischen den betrachteten Punktmassen – gilt aufgrund der Newtonschen Axiome die *Impulserhaltung* (Abb. 5.2).

Die Geschwindigkeiten U_1, U_2 werden vom Perzeptron $\mathcal{P}$ für den Zeitpunkt T_1 ermittelt, U_3 und U_4 für den späteren Zeitpunkt T_2. Im Zeitintervall $]T_1, T_2[$ dürfen von Kontaktkräften bestimmte Stossprozesse zwischen den betrachteten Punktmassen vorkommen.

$$\text{Impulserhaltung bezüglich } \mathcal{P} : m_1 \cdot U_1 + m_2 \cdot U_2 = m_3 \cdot U_3 + m_4 \cdot U_4$$

Nicht nur für die spezielle Relativitätstheorie ist das Relativitätsprinzip eine weitreichende Leitidee, auch die klassische Physik orientiert sich daran. Bereits Galileo

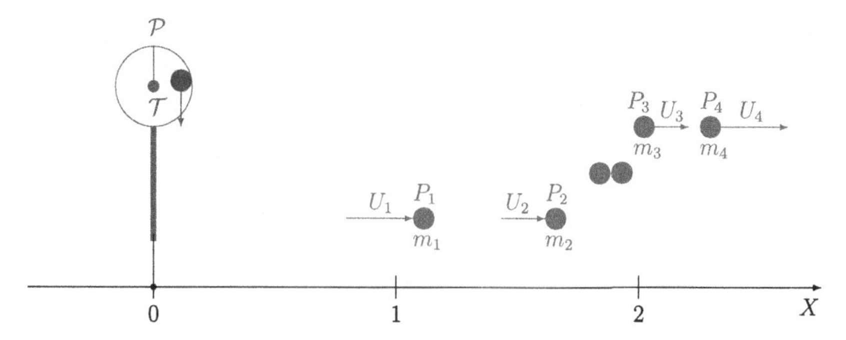

Abb. 5.2 Klassische Impulserhaltung 1

Galilei (1564–1641) sah im Relativitätsprinzip[1] eine mächtige Orientierungshilfe für das Auffinden von Naturgesetzen.

5.2 Galilei- und Lorentztransformationen

Die Gültigkeit der Newtonschen Physik ist beschränkt auf Phänomene, bei denen die vorkommenden Partikelgeschwindigkeiten V viel kleiner als die Geschwindigkeit des Lichtes sind: $V \ll c$. Bisher haben wir die Basiseinheiten für Weg und Zeit so gewählt, dass die Masszahl der Lichtgeschwindigkeit $c = 1$ ist. Mit den Einheiten Meter und Sekunden ergibt sich die Masszahl $c = 3 \cdot 10^8$ und die Lorentztransformationen erhalten die Gestalt:

$$T(\beta^*) = g\left(\frac{V}{c}\right) \cdot \left(T'(\beta^*) + \frac{V \cdot X'\beta^*)}{c^2}\right), \quad X(\beta^*) = g\left(\frac{V}{c}\right) \cdot \left(X'(\beta^*) + V \cdot T'(\beta^*)\right).$$

[1](Galilei 1982, S. 197): *Schliesst Euch in Gesellschaft eines Freundes in einen möglichst grossen Raum unter dem Deck eines grossen Schiffes ein. Verschafft Euch dort Mücken, Schmetterlinge und ähnliches fliegendes Getier; sorgt auch für ein Gefäss mit Wasser und kleinen Fischen darin; hängt ferner oben einen kleinen Eimer auf, welcher tropfenweise Wasser in ein zweites enghalsiges darunter gestelltes Gefäss träufeln lässt usw. Beobachtet nun sorgfältig, so lange das Schiff stille steht, wie die fliegenden Tierchen mit der nämlichen Geschwindigkeit nach allen Seiten des Raumes fliegen. Man wird sehen, wie die Fische ohne irgend welchen Unterschied nach allen Richtungen schwimmen; ...*

Nun lasst das Schiff mit jeder beliebigen Geschwindigkeit sich bewegen: Ihr werdet – wenn nur die Bewegung gleichförmig ist und nicht hin- und dorthin schwankend – bei allen genannten Erscheinungen nicht die geringste Veränderung eintreten sehen.

Wenn wir entsprechend dem Newtonschen Weltmodell die Existenz beliebig grosser Signalgeschwindigkeiten c annehmen und den Grenzfall $c \to \infty$ betrachten, gehen die Lorentztransformationen in die wohlbekannten *Galileitransformationen* über:

$$\begin{aligned} T(\beta^*) &= \lim_{c\to\infty}\left[g\left(\frac{V}{c}\right)\cdot\left(T^{'}(\beta^*)+\frac{V\cdot X^{'}\beta^*)}{c^2}\right)\right] \\ &= T^{'}(\beta^*), \end{aligned}$$

$$\begin{aligned} X(\beta^*) &= \lim_{c\to\infty}\left[g\left(\frac{V}{c}\right)\cdot\left(X^{'}(\beta^*)+V\cdot T^{'}\beta^*)\right)\right] \\ &= X^{'}(\beta^*)+V\cdot T^{'}(\beta^*). \end{aligned}$$

Satz 5.1 (Galileitransformationen) *Es seien $\mathcal{P}$ und $\mathcal{P}^{'}$ Perzeptronen in Standardkonfiguration und β^* ein Ereignis. Wenn wir beliebig grosse Signalgeschwindigkeiten zulassen, bewegen wir uns im Newtonschen Weltmodell und anstelle der Lorentztransformationen treten die einfacheren Galileitransformationen:*

$$\begin{aligned} T(\beta^*) &= T^{'}(\beta^*), \\ X(\beta^*) &= X^{'}(\beta^*)+V\cdot T^{'}(\beta^*). \end{aligned}$$

5.3 Klassische Massenerhaltung

Für das freie Partikelsystem P_1, P_2, P_3, P_4 gemäss Abb. 5.3 gilt die Impulserhaltung, aufgrund des klassischen Relativitätsprinzips, sowohl bezüglich $\mathcal{P}$ als auch bezüglich $\mathcal{P}^{'}$:

$$m_1\cdot U_1^{'}+m_2\cdot U_2^{'}=m_3\cdot U_3^{'}+m_4\cdot U_4^{'}.$$

Durch Einsetzen der Galileischen Geschwindigkeitstransformation $U^{'}=U-V$

$$m_1\cdot(U_1-V)+m_2\cdot(U_2-V)=m_3\cdot(U_3-V)+m_4\cdot(U_4-V)$$

erkennen wir, dass für jedes Perzeptron $\mathcal{P}$ nebst der Impuls- auch die Massenerhaltung gelten muss:

$$m_1+m_2=m_3+m_4.$$

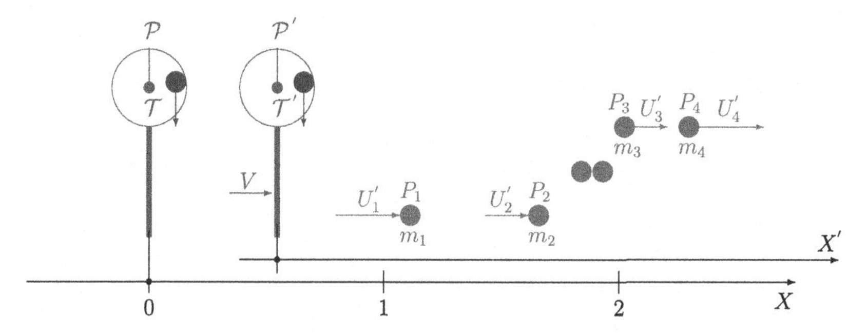

Abb. 5.3 Klassische Impulserhaltung 2

Satz 5.2 *Im Modell der klassischen Physik gilt für jedes freie Partikelsystem die Massen- und die Impulserhaltung:*

$$\textit{Massenerhaltung}: m_1 + m_2 = m_3 + m_4, \tag{5.1}$$

$$\textit{Impulserhaltung}: m_1 \cdot U_1 + m_2 \cdot U_2 = m_3 \cdot U_3 + m_4 \cdot U_4. \tag{5.2}$$

5.4 Das Impulszentrum in der klassischen Physik

Wir gehen aus von einem freien System von Punktmassen $P_1, P_2, \ldots P_n$, siehe Abb. 5.4, und fragen uns, für welches Perzeptron $\mathcal{P}'_{CM}$ der zeitlich konstante Systemimpuls p verschwindet. Dazu berechnen wir den Systemimpuls bezüglich des beliebigen Perzeptrons $\mathcal{P}$

$$m_1 \cdot U_1 + m_2 \cdot U_2 + \ldots + m_n \cdot U_n = p$$

und verlangen, dass der Gesamtimpuls bezüglich des *Center of Momentum Perzeptrons* $\mathcal{P}'_{CM}$ verschwindet

$$m_1 \cdot U_1' + m_2 \cdot U_2' + \ldots + m_n \cdot U_n' = p' = 0,$$

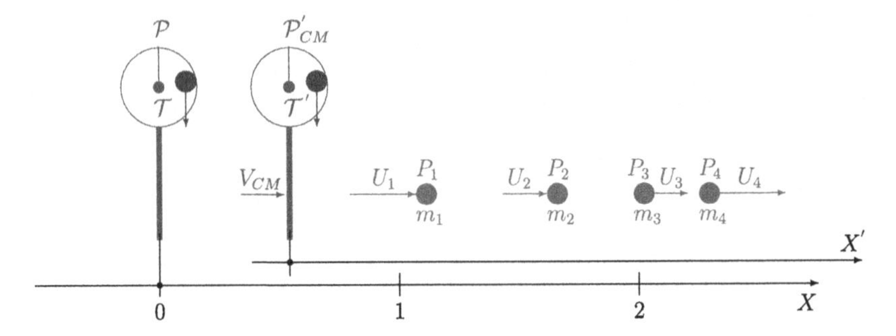

Abb. 5.4 Das klassische Impulszentrum

setzen die Galileischen Geschwindigkeitstransformation $U_i^{'} = U_i - V_{CM}$ ein

$$m_1 \cdot (U_1 - V_{CM}) + m_2 \cdot (U_2 - V_{CM}) + \ldots + m_n \cdot (U_n - V_{CM}) = 0$$

und erhalten damit die Geschwindigkeit V_{CM} von $\mathcal{P}_{CM}^{'}$ bezüglich $\mathcal{P}$

$$V_{CM} = \frac{\sum_{i=1}^{n} m_i \cdot U_i}{\sum_{i=1}^{n} m_i} \,. \tag{5.3}$$

Unter der klassischen kinetischen Energie K eines Systems von Punktmassen bezüglich eines Perzeptrons $\mathcal{P}$ versteht man die Summe der kinetischen Energien $K_i := \frac{1}{2} m_i \cdot U_i^2$ der beteiligten Partikel

$$K := \sum_{i=1}^{n} K_i = \frac{1}{2} \sum_{i=1}^{n} m_i \cdot U_i^2.$$

Vergleicht man die kinetische Energie eines Partikelsystems bezüglich der Perzeptronen $\mathcal{P}$ und $\mathcal{P}_{CM}^{'}$, so erhält man

$$
\begin{aligned}
K &= \frac{1}{2}\sum_{i=1}^{n} m_i \cdot U_i^2 \\
&= \frac{1}{2}\sum_{i=1}^{n} m_i \cdot (U_i^{'} + V_{CM})^2 \\
&= \frac{1}{2}\sum_{i=1}^{n} m_i \cdot (U_i^{'})^2 + \frac{V_{CM}^2}{2}\sum_{i=1}^{n} m_i + V_{CM}\sum_{i=1}^{n} m_i \cdot U_i^{'} \\
&= K_{CM}^{'} + \frac{V_{CM}^2}{2}\sum_{i=1}^{n} m_i + V_{CM}\underbrace{\sum_{i=1}^{n} m_i \cdot U_i^{'}}_{p^{'}=0} \\
&= K_{CM}^{'} + \frac{V_{CM}^2}{2}\sum_{i=1}^{n} m_i
\end{aligned}
$$

den Satz von König[2]

$$
K = K_{CM}^{'} + \frac{V_{CM}^2}{2}\sum_{i=1}^{n} m_i, \tag{5.4}
$$

der insbesondere aufzeigt, dass $\mathcal{P}_{CM}^{'}$ jenes Perzeptron ist, das die kleinstmögliche kinetische Energie des Partikelsystems wahrnimmt.

[2]Der Schweizer Mathematiker Samuel König (1712–1757) war Auslöser einer der ganz grossen Gelehrtenstreitigkeiten des 18. Jahrhunderts, an der auch Leonhard Euler (1707 1783), nicht ganz unvoreingenommen, beteiligt war. Inhaltlich ging es darum, wem die Entdeckung des *Prinzips der kleinsten Aktion* zuzuschreiben sei.

(Goldmann 2004, S. 515): *Am 13. April 1752 wurde in der Berliner Akademie der Wissenschaften einstimmig der Mathematiker und Philosoph Samuel König als vorsätzlicher Fälscher verurteilt. Vordergründig geht es um einen Gottesbeweis, betitelt: „Prinzip der kleinsten Aktion“. ...*

Der Vorwurf der Richter lautet: Er habe – angeblich mit Hilfe eines fingierten Leibniz-Briefs – dem Akademiedirektor Maupertuis die Urheberschaft dieses Gottesbeweises streitig machen wollen.

5.5 Relativistischer Impuls – eine notwendige Modifikation

Aufgrund der Symmetrie in Abb. 5.5 erkennen wir, dass $\mathcal{P}_{CM}$ das CM-Perzeptron für das freie System P_1, P_2 ist. Bezüglich $\mathcal{P}'$ bewegt sich $\mathcal{P}_{CM}$ mit Geschwindigkeit $U' = U$, es gilt somit $V'_{CM} = U$. Wenn man jedoch die relativistische Transformation $U'_2 = \frac{2 \cdot U}{1+U^2}$ gemäss Gl. 3.9 berücksichtigt und die Geschwindigkeit V'_{CM} von $\mathcal{P}_{CM}$ bezüglich $\mathcal{P}'$ entsprechend der klassischen Gl. 5.3 bestimmt, ergibt sich ein Widerspruch:

$$\begin{aligned} V'_{CM} = \frac{m \cdot U'_1 + m \cdot U'_2}{m + m} &= \frac{m \cdot 0 + m \cdot \frac{2 \cdot U}{1+U^2}}{m + m} \\ &= \frac{U}{1 + U^2} \\ &\neq U = V'_{CM}. \end{aligned}$$

Um die Impulserhaltung mit dem relativistischen Transformationsgesetz für Geschwindigkeiten in Einklang zu bringen, definieren wir den Impuls etwas allgemeiner und führen dazu eine vorerst unbekannte Funktion f ein und legen den Impuls p einer Punktmasse folgendermassen fest

$$p := f(U) \cdot m \cdot U.$$

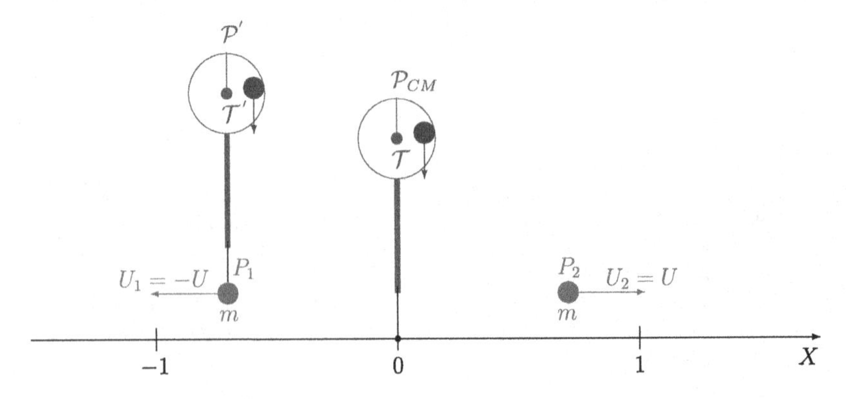

Abb. 5.5 CM-Perzeptron

Damit der modifizierte Impuls für $U \ll 1$ in den klassischen Impuls übergeht, verlangen wir

$$\lim_{U \to 0} f(U) = f(0) = 1$$

und bestimmen f sodann derart, dass die Impulserhaltung im Einklang mit der relativistischen Geschwindigkeitstransformation ist. Aus

$$\begin{aligned} U &= V'_{CM} \\ &= \frac{f(U'_1) \cdot m \cdot U'_1 + f(U'_2) \cdot m \cdot U'_2}{f(U'_1) \cdot m + f(U'_2) \cdot m} \\ &= \frac{f(0) \cdot m \cdot 0 + f(U'_2) \cdot m \cdot U'_2}{f(0) \cdot m + f(U'_2) \cdot m} \\ &= \frac{f(U'_2) \cdot m \cdot U'_2}{m + f(U'_2) \cdot m} \\ &= \frac{f(U'_2) \cdot U'_2}{1 + f(U'_2)} \end{aligned}$$

erhält man

$$f(U'_2) \cdot (U'_2 - U) = U.$$

Wir verwenden nun die Gl. 3.9

$$f(U'_2) \cdot (U'_2 - U) = f(U'_2) \cdot \left(\frac{2U}{1 + U^2} - U \right) = U,$$

erhalten

$$f(U'_2) \cdot \left(\frac{1 - U^2}{1 + U^2} \right) = 1$$

und schliesslich

$$f(U'_2) = \frac{1 + U^2}{1 - U^2} = \frac{1}{\sqrt{1 - \left(\frac{2U}{1+U^2} \right)^2}} = \frac{1}{\sqrt{1 - (U'_2)^2}}.$$

Mit Freude erkennen wir, dass die gesuchte Funktion f die in der Relativitätstheorie omnipräsente Funktion $g(U) = \frac{1}{\sqrt{1-U^2}}$ ist.

Definition 5.1 *Der relativistische Impuls p eines Teilchens P mit Masse m und Geschwindigkeit U ist gegeben durch:*

$$p := \frac{m \cdot U}{\sqrt{1-U^2}} = m \cdot U \cdot g(U) = m \cdot h(U)\,, \quad h(U) := \frac{U}{\sqrt{1-U^2}}.$$

Die beiden Grundannahmen der Relativitätstheorie – das Relativitätsprinzip und die Konstanz der Lichtgeschwindigkeit – erzwingen, dass der klassische Impulsbegriff $p = m \cdot U$ durch $p = m \cdot h(U)$ ersetzt wird. Ob dieser neue, theoriebedingte Impulsbegriff jedoch auch einer physikalischen Realität entspricht, ist eine Frage, die nur durch das Experiment zu beantworten ist. Tatsache ist, dass sich der neue Impulsbegriff, etwa in der Teilchenphysik, täglich uneingeschränkt bewährt.

> (Sexl, Schmidt 2000, S. 132): Im Folgenden werden Sie Forschungsergebnisse der Elementarteilchenphysik kennenlernen. Hier interessiert uns zunächst die Tatsache, dass in Beschleunigeranlagen Teilchen nahezu auf Lichtgeschwindigkeit beschleunigt werden. Die dynamische Masse der Teilchen nimmt bei Annäherung an die Lichtgeschwindigkeit sehr stark zu, so wie es die Formel $m_{\mathrm{d}} = \frac{m}{\sqrt{1-\frac{v^2}{c^2}}}$ beschreibt. Die beschleunigenden und ablenkenden Felder der Beschleunigeranlagen wurden mit dieser Formel berechnet.

Die beiden Verfasser des obigen Zitates, R. Sexl und H. Schmidt, sprechen von der *relativistischen* oder *dynamischen Masse* $m_d = \frac{m}{\sqrt{1-U^2}}$, einem Begriff, der in der neueren Literatur teilweise heftig kritisiert und abgelehnt wird. Die Bezeichnung *relativistische Masse* wird in der vorliegenden Publikation konsequent durch den Begriff *Energie* ersetzt und wenn von Masse die Rede ist, so immer im Sinne von Ruhemasse.

5.6 Relativistische Impuls- und Energieerhaltung

Für ein freies System von Punktmassen, entsprechend der Situation in Abb. 5.3, hat der Impulserhaltungssatz unter Berücksichtigung der Definition 5.1 bezüglich des Perzeptrons $\mathcal{P}'$ die Gestalt:

$$m_1 \cdot h(U_1') + m_2 \cdot h(U_2') = m_3 \cdot h(U_3') + m_4 \cdot h(U_4'). \tag{5.5}$$

W. Rindler stellt in (Rindler 1991) die Frage, ob eine solche Formulierung vernünftig sein könne, ob allenfalls weitere theoriekonforme Begriffsbildungen möglich wären. Rindler beantwortet die Frage zwar salopp, aber eindeutig.

> (Rindler 1991, S. 72): Is that reasonable? Reasonable or not, it is the only possible Lorentz-invariant law of the (above) form.

Lorentzinvarianz bedeutet, dass eine Gleichung, die einen physikalischen Sachverhalt in den $\mathcal{P}'$-Koordinaten X' und T' ausdrückt unter der Lorentztransformation

$$X' = g(V) \cdot (X - V \cdot T), \; T' = g(V) \cdot (T - V \cdot X)$$

in die entsprechende Gleichung des Perzeptrons $\mathcal{P}$ über geht.

> (Fayngold 2008, S. 398): The property of an equation to remain unchanged when expressed in the coordinates of another RF (RF = Reference Frame $\approx$ Perzeptron) is called covariance. Since the transformations of coordinates, under which this covariance holds, are the Lorentz transformations, the corresponding property is called Lorentz covariance and the equations with this property are Lorentz covariant.
> The current trend in physical literature is to use the term „Lorentz invariant“ or just „invariant“ instead of „covariant“ for the corresponding equation or expression.

Um zu überprüfen, unter welchen Bedingungen die Impulserhaltung lorentzinvariant ist, gehen wir aus von Gl. 5.5

$$m_1 \cdot h(U_1') + m_2 \cdot h(U_2') = m_3 \cdot h(U_3') + m_4 \cdot h(U_4')$$

und drücken die gestrichenen Variablen U_i' vermittels Transformation 5.17 durch die entsprechenden U_i aus und erhalten

$$\begin{aligned} &m_1[g(V)h(U_1) - g(U_1)h(V)] + m_2[g(V)h(U_2) - g(U_2)h(V)] \\ &\quad = m_3[g(V)h(U_3) - g(U_3)h(V)] + m_4[g(V)h(U_4) - g(U_4)h(V)]. \end{aligned}$$

Umgruppieren ergibt

$$\begin{aligned} &g(V)\underbrace{[m_1 \cdot h(U_1) + m_2 \cdot h(U_2)]}_{\text{Gesamtimpuls}} - h(V)[m_1 \cdot g(U_1) + m_2 \cdot g(U_2)] \\ &\quad = g(V)\underbrace{[m_3 \cdot h(U_3) + m_4 \cdot h(U_4)]}_{\text{Gesamtimpuls}} - h(V)[m_3 \cdot g(U_3) + m_4 \cdot g(U_4)] \end{aligned}$$

und wir erkennen, dass die Impulserhaltungsgleichung nur dann invariant bleibt, wenn auch die Erhaltungsgleichung

$$m_1 \cdot g(U_1) + m_2 \cdot g(U_2) = m_3 \cdot g(U_3) + m_4 \cdot g(U_4) \tag{5.6}$$

gilt. Wiederum stellt sich die Frage: *Is that reasonable?* Die Antwort ist auch hier eindeutig: Ja, es ist vernünftig! Wir sehen, dass die obige Gleichung wegen

$$\lim_{U \to 0} g(U) = 1$$

für $U \ll 1$ in den Massenerhaltungssatz 5.1 der klassischen Physik übergeht. Ein Umstand, der für die Korrektheit der Gleichung spricht. Dass in der Taylorreihe von $m \cdot g(U)$ der Term für die klassische kinetische Energie $K = m \cdot \frac{1}{2} \cdot U^2$ erscheint, hilft uns, den Ausdruck korrekt einzuordnen:

$$\begin{aligned}
m \cdot g(U) &= m \cdot \sum_{k=0}^{\infty} \binom{\frac{-1}{2}}{k} (-1)^k \cdot U^{2k} \\
&= m + m \cdot \frac{1}{2} \cdot U^2 + m \cdot \frac{1 \cdot 3}{2 \cdot 4} \cdot U^4 + m \cdot \frac{1 \cdot 3 \cdot 5}{2 \cdot 4 \cdot 6} \cdot U^6 + \ldots \\
&= m + \underbrace{m \cdot \frac{1}{2} \cdot U^2 + m \cdot \frac{3}{8} \cdot U^4 + m \cdot \frac{5}{16} \cdot U^6 + \ldots}_{\text{relativistische kinetische Energie}} \ .
\end{aligned}$$

Den Term

$$K := m \cdot \frac{1}{2} \cdot U^2 + m \cdot \frac{1 \cdot 3}{2 \cdot 4} \cdot U^4 + m \cdot \frac{1 \cdot 3 \cdot 5}{2 \cdot 4 \cdot 6} \cdot U^6 + \ldots$$

interpretieren wir als relativistische kinetische Energie K und

$$E := m + K = m \cdot g(U)$$

als Gesamtenergie. Damit drückt die Gl. 5.6 die Erhaltung der relativistischen Energie aus und entspricht damit der Verallgemeinerung des Massenerhaltungssatzes der klassischen Physik.

Satz 5.3 *Im Modell der relativistischen Physik gilt für jedes freie Partikelsystem die Energie- und die Impulserhaltung:*

$$\textit{Energieerhaltung}: m_1 \cdot g(U_1) + m_2 \cdot g(U_2) = m_3 \cdot g(U_3) + m_4 \cdot g(U_4), \tag{5.7}$$

$$\textit{Impulserhaltung}: m_1 \cdot h(U_1) + m_2 \cdot h(U_2) = m_3 \cdot h(U_3) + m_4 \cdot h(U_4). \tag{5.8}$$

Bemerkungen

1. **Geschwindigkeiten in der klassischen Mechanik:** Die in der klassischen Physik auftretenden Geschwindigkeiten sind um ein Vielfaches kleiner als jene des Lichts. Bereits die Geschwindigkeit $U = 10^{-5}$, die dem hunderttausendsten Teil der Lichtgeschwindigkeit und in SI-Einheiten 3000 m/s entspricht, wird als sehr gross eingestuft. Wenn wir im Sinne eines Gedankenexperimentes annehmen, dass in der klassischen Physik alle betrachteten Geschwindigkeiten U im Intervall $[-10^{-5}, 10^{-5}]$ liegen, können wir erkennen, dass der Satz der klassischen Massenerhaltung eine ausgesprochen gute Näherung an den Satz der relativistischen Energieerhaltung ist. Wir betrachten dazu eine Punktmasse P und vergleichen deren Masse m mit der entsprechenden relativistischen Energie $E = m \cdot g(U)$.

$$\begin{aligned} E - m &= K \\ &= m\left(\left(1 - U^2\right)^{\frac{-1}{2}} - 1\right) \\ &= m \cdot \sum_{n=1}^{\infty} \binom{\frac{-1}{2}}{n} (-U^2)^n \\ &\leq \frac{m}{2} \cdot \sum_{n=1}^{\infty} U^{2n} \\ &= \frac{m}{2} \cdot \frac{U^2}{1 - U^2} \\ &\leq \frac{m}{2} \cdot \frac{10^{-10}}{1 - 10^{-10}} \\ &< m \cdot 10^{-10} \end{aligned}$$

In Anbetracht dieser geringfügigen Abweichung zwischen E und m tritt in der klassischen Mechanik keine messbare Diskrepanz zwischen der Erhaltung der relativistischen Energie und der Erhaltung der Masse auf.

2. **Geschwindigkeiten in der relativistischen Dynamik:** In der Teilchenphysik treten Geschwindigkeiten U auf, die beinahe der Lichtgeschwindigkeit $c = 1$ entsprechen. Mit dem riesigen Teilchenbeschleuniger LHC am CERN in Genf

können Protonen auf 99.999'999'1 % der Lichtgeschwindigkeit beschleunigt werden. Wir berechnen den entsprechenden Quotienten von E und m:

$$\begin{aligned} \frac{E}{m} &= g(U) \\ &= \frac{1}{\sqrt{1-U^2}} \\ &= \frac{1}{\sqrt{1-0.999999991^2}} \\ &\approx 7500 \end{aligned}$$

und erkennen, dass die Energie der beschleunigten Protonen ungefähr 7'500-mal grösser als deren Masse ist. Die Verwendung des Massenerhaltungssatzes anstelle der relativistischen Energieerhaltung ist in dieser Situation vollkommen unsinnig: Hier muss relativistisch gerechnet werden!

(Rindler 1991, S. 69–70): Newton's theory has excellently served astronomy (e.g. in foretelling eclipses and orbital motions in general), it has been used as the basic theory in the incredibly delicate operations of sending probes to the Moon and some of the planets, and it has proved itself reliable in countless terrestial applications. Thus it cannot be entirely wrong. Before the twentieth century, in fact, only a single case of irreducible failure was known, namely the excessive advance of the perihelion of the planet Mercury, by about 43 seconds (!) of arc per century. Since the advent of modern particle accelerators, however, vast discrepancies with Newton's laws have been uncovered, whereas the new mechanics consistently gives correct descriptions.

5.7 Das relativistische Impulszentrum

Wir gehen aus von der Situation gemäss Abb. 5.4, um die Geschwindigkeit des Perzeptrons $\mathcal{P}'_{CM}$ bezüglich $\mathcal{P}$ zu bestimmen. Dazu berechnen wir den Systemimpuls bezüglich des beliebigen Perzeptrons $\mathcal{P}$

$$m_1 \cdot h(U_1) + m_2 \cdot h(U_2) + \ldots + m_n \cdot h(U_n) = p.$$

Definitionsgemäss verschwindet der Gesamtimpuls bezüglich $\mathcal{P}'_{CM}$

$$m_1 \cdot h(U'_1) + m_2 \cdot h(U'_2) + \ldots + m_n \cdot h(U'_n) = p' = 0.$$

Wenn wir die Transformation 5.17 verwenden

$$h(U_i^{'}) = g(V_{CM}) \cdot h(U_i) - g(U_i) \cdot h(V_{CM}),$$

erhalten wir

$$m_1 \cdot (g(V_{CM}) \cdot h(U_1) - g(U_1) \cdot h(V_{CM})) + \ldots + m_n \cdot (g(V_{CM}) \cdot h(U_n) - g(U_n) \cdot h(V_{CM})) = 0$$

und damit die Geschwindigkeit V_{CM} von $\mathcal{P}_{CM}^{'}$ bezüglich $\mathcal{P}$

$$V_{CM} = \frac{\sum_{i=1}^{n} m_i \cdot h(U_i)}{\sum_{i=1}^{n} m_i \cdot g(U_i)} . \tag{5.9}$$

Unter der relativistischen Energie eines Systems von Punktmassen versteht man die Summe der Energien E_i der beteiligten Partikel

$$E := \sum_{i=1}^{n} m_i \cdot g(U_i),$$

entsprechend ist die kinetische Energie K des Systems wie folgt definiert

$$K := \sum_{i=1}^{n} m_i \cdot (g(U_i) - 1).$$

Vergleicht man die kinetische Energie K des Systems bezüglich $\mathcal{P}$ mit dessen kinetischer Energie $K_{CM}^{'}$ bezüglich $\mathcal{P}^{'}{}_{CM}$, so erhält man die relativistische Variante des Satzes von König, siehe dazu Abschn. 5.4.

$$\begin{aligned}
K &= \sum_{i=1}^{n} m_i \cdot (g(U_i) - 1) \\
&\overset{\text{Gl. 5.14}}{=} \sum_{i=1}^{n} m_i \cdot (g(V_{CM}) \cdot g(U_i^{'}) + h(V_{CM}) \cdot h(U_i^{'}) - 1) \\
&= g(V_{CM}) \cdot \sum_{i=1}^{n} m_i \cdot (g(U_i^{'}) - 1) + (g(V_{CM}) - 1) \cdot \sum_{i=1}^{n} m_i + h(V_{CM}) \cdot \underbrace{\sum_{i=1}^{n} m_i \cdot h(U_i^{'})}_{p^{'} = 0} \\
&= g(V_{CM}) \cdot K_{CM}^{'} + (g(V_{CM}) - 1) \cdot \sum_{i=1}^{n} m_i .
\end{aligned}$$

Wegen $g(V_{CM}) > 1$ erkennen wir, dass die kinetische Energie eines Partikelsystems bezüglich des CM-Perzeptrons $\mathcal{P}'_{CM}$ minimal ist.

5.8 Etwas $g - h - k$ – Gymnastik

Bevor wir Beispiele der relativistischen Dynamik näher betrachten, sollen einige oft verwendete Beziehungen, die zwischen den in der Relativitätstheorie omnipräsenten Funktionen $g(U) = \frac{1}{\sqrt{1-U^2}}$, $h(U) = \frac{U}{\sqrt{1-U^2}}$ und $k(U) = \sqrt{\frac{1+U}{1-U}}$ gelten, festgehalten werden.

$$g(U) + h(U) = k(U) \tag{5.10}$$

$$g(U) - h(U) = k(-U) \tag{5.11}$$

$$g^2(U) - h^2(U) = 1 \tag{5.12}$$

$$g^2(U) + h^2(U) = \frac{1 + U^2}{1 - U^2} \tag{5.13}$$

Bei den nachfolgenden Transformationsgleichungen beziehen sich die gestrichenen Grössen auf das Perzeptron $\mathcal{P}'$, das sich mit Geschwindigkeit V bezüglich $\mathcal{P}$ bewegt. Die ungestrichenen Grössen sind dem Perzeptron $\mathcal{P}$ zugeordnet.

$$g(U) = g(V) \cdot g(U') + h(V) \cdot h(U'), \quad U = V \oplus U' \tag{5.14}$$

$$g(U') = g(V) \cdot g(U) - h(V) \cdot h(U), \quad U' = U \ominus V \tag{5.15}$$

$$h(U) = g(V) \cdot h(U') + g(U') \cdot h(V) \tag{5.16}$$

$$h(U') = g(V) \cdot h(U) - g(U) \cdot h(V) \tag{5.17}$$

$$k(U) = k(V) \cdot k(U') \tag{5.18}$$

$$k(U') = g(V) \cdot k(U) \tag{5.19}$$

Im Sinne eines Beispiels werden die einzelnen Rechenschritte, die zur Transformationsformel 5.17 führen, dokumentiert:

$$
\begin{aligned}
h(U') &= h\left(\frac{U-V}{1-U\cdot V}\right)\cdot\frac{U-V}{1-U\cdot V}\\
&= \frac{1}{\sqrt{1-\left(\frac{U-V}{1-U\cdot V}\right)^2}}\cdot\frac{U-V}{1-U\cdot V}\\
&= \frac{1-U\cdot V}{\sqrt{(1-U\cdot V)^2-(U-V)^2}}\cdot\frac{U-V}{1-U\cdot V}\\
&= \frac{U-V}{\sqrt{1-2\cdot U\cdot V+U^2\cdot V^2-U^2-V^2+2\cdot U\cdot V}}\\
&= \frac{U-V}{\sqrt{1+U^2\cdot V^2-U^2-V^2}}\\
&= \frac{U-V}{\sqrt{(1-V^2)}\cdot\sqrt{(1-U^2)}}\\
&= g(V)\cdot h(U)-g(U)\cdot h(V).
\end{aligned}
$$

5.9 Beispiele zur relativistischen Dynamik

1. **Teilchenzerfall:** Ein instabiles, ruhendes Teilchen P_1 mit Masse m_1 zerfalle in die beiden Teilchen P_2, P_3 mit den Massen m_2 und m_3, siehe Abb. 5.6. Es ist zu zeigen, dass der Massenverlust $\Delta m := m_1 - (m_2 + m_3)$ dem Gewinn an kinetischer Energie entspricht.

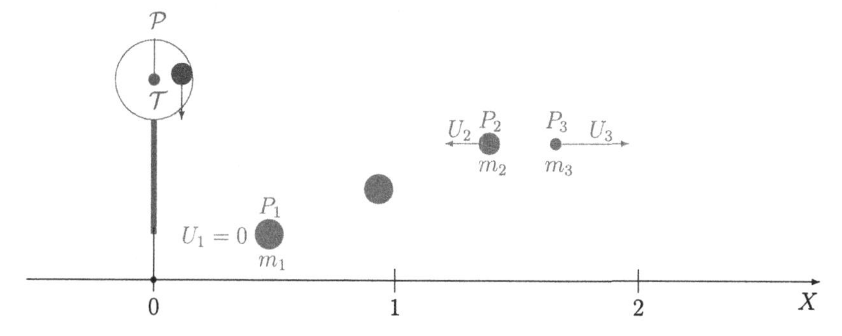

Abb. 5.6 Spontaner Teilchenzerfall

Wir beginnen mit den Bilanzgleichungen für die Energie und den Impuls:

$$\begin{aligned}\text{Energie}: (1): m_1 &= m_2 \cdot g(U_2) + m_3 \cdot g(U_3),\\ \text{Impuls}: (2): 0 &= m_2 \cdot h(U_2) + m_3 \cdot h(U_3),\end{aligned}$$

formen um[3]

$$\begin{aligned}(1'): \ (m_1 - m_2 \cdot g(U_2))^2 &= m_3^2 \cdot g^2(U_3),\\ (2'): \ m_2^2 \cdot h^2(U_2) &= m_3^2 \cdot h^2(U_3)\end{aligned}$$

und bilden die Differenz der Gleichungen

$$m_1^2 + m_2^2(g^2(U_2) - h^2(U_2)) - 2m_1 \cdot m_2 \cdot g(U_2) = m_3^2(g^2(U_3) - h^2(U_3)).$$

Unter Berücksichtigung der Gl. 5.12

$$m_1^2 + m_2^2 - 2m_1 \cdot m_2 \cdot g(U_2) = m_3^2,$$

erhalten wir die Gesamtenergie E_2 und die kinetische Energie K_2 des Teilchens P_2

$$\begin{aligned}E_2 = m_2 \cdot g(U_2) &= \frac{m_1^2 + m_2^2 - m_3^2}{2m_1},\\ K_2 = E_2 - m_2 &= \frac{m_1^2 + m_2^2 - m_3^2 - 2m_1 \cdot m_2}{2m_1}\\ &= \frac{(m_1 - m_2)^2 - m_3^2}{2m_1}.\end{aligned}$$

Es gilt analog

$$K_3 = E_3 - m_3 = \frac{(m_1 - m_3)^2 - m_2^2}{2m_1}.$$

[3] Wegen $g(U_i) > 1$ gilt $m_1 = m_2 \cdot g(U_2) + m_3 \cdot g(U_3) > m_2 + m_3$, die beiden Bruchstücke P_2 und P_3 haben insgesamt weniger Masse als das zerfallende Teilchen P_1.

Damit erhalten wir den gesamten Zuwachs ΔK an kinetischer Energie

$$\begin{aligned}\Delta K = K_2 + K_3 &= \frac{(m_1 - m_2)^2 + (m_1 - m_3)^2 - m_2^2 - m_3^2}{2m_1} \\ &= \frac{2m_1^2 + m_2^2 + m_3^2 - 2m_1 \cdot m_2 - 2m_1 \cdot m_3 - m_2^2 - m_3^2}{2m_1} \\ &= \frac{2m_1^2 - 2m_1 \cdot m_2 - 2m_1 \cdot m_3}{2m_1} \\ &= m_1 - m_2 - m_3\end{aligned}$$

und haben damit gezeigt, dass die Zunahme der kinetischen Energie der Abnahme an Masse entspricht

$$\Delta K = \Delta m. \tag{5.20}$$

Bemerkungen

(a) Das nachstehende Zitat ist der Einstein-Arbeit *Ist die Trägheit eines Körpers von seinem Energieinhalt abhängig?* entnommen. Darin bezeichnet Einstein die Lichtgeschwindigkeit mit V, nicht wie heute üblich mit c. Weiter nimmt er die Art der freigesetzten Energie als beliebig an. Die Gl. 5.20 erhält damit die Form

$$\Delta E = \Delta m \cdot V^2.$$

(Einstein 1989): *Gibt ein Körper die Energie L in Form von Strahlung ab, so verkleinert sich seine Masse um* L/V^2. *Hierbei ist es offenbar unwesentlich, dass die dem Körper entzogene Energie gerade in Energie der Strahlung übergeht, so dass wir zu der allgemeineren Folgerung geführt werden:*
Die Masse eines Körpers ist ein Mass für dessen Energieinhalt; ändert sich die Energie um L, so ändert sich die Masse in demselben Sinne um $L/(9 \cdot 10^{20})$, *wenn die Energie in Erg und die Masse in Grammen gemessen wird.*
Es ist nicht ausgeschlossen, dass bei Körpern, deren Energieinhalt in hohem Masse veränderlich ist (z. B. bei den Radiumsalzen), eine Prüfung der Theorie gelingen wird.

(b) Wenn wir bedenken, dass die Lichtgeschwindigkeit im SI-System $c = 3 \cdot 10^8 \, \frac{\mathrm{m}}{\mathrm{s}}$ beträgt, können wir die Unerhörtheit der Aussage von Gl. 5.20 mit einem einfachen Bild veranschaulichen: Einem Kilogramm Materie entsprechen

$9 \cdot 10^{16}$ Joule an Energie, das wiederum ist jene Energie, die freigesetzt wird, wenn drei Millionen Tonnen Kohle verbrennen. Wehe dem, der die schlafende Materie zum Leben erweckt!

(Rindler 1991, S. 75): *For an ordinary particle the internal energy is vast: in each gram of mass there are* 9×10^{20} *ergs of energy, roughly the energy of the Hiroshima bomb (20 kilotons). A very small part of this energy resides in the thermal motions of the molecules constituting the particle, and can be given up as heat; a part resides in the intermolecular and interatomic cohesion forces, and some of that can be given up in chemical explosions; another part may reside in exited atoms and escape in the form of radiation; much more resides in nuclear bonds and can also sometimes be set free, as in the atomic bomb. But by far the largest part of the energy (about 99 per cent) resides simply in the mass of the ultimate particles, and cannot be further explained. Nevertheless, it too can be deliberated under suitable conditions, e.g. when matter and antimatter annihilate each other.*

2. **Konstante Kraft:** Ein Teilchen P mit Masse m sei einer konstanten Kraft F ausgesetzt (Abb. 5.7). Gesucht ist die Geschwindigkeitsfunktion $U(T)$ mit Anfangsbedingung $U(0) = 0$. Die Aufgabe soll sowohl im Rahmen der klassischen als auch der relativistischen Physik gelöst werden.

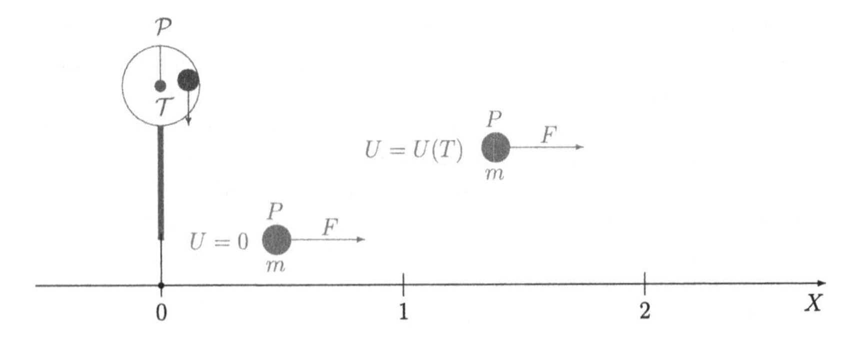

Abb. 5.7 Konstante Kraft

(a) **Lösung im klassischen Modell:** Im Newton-Modell ist der Impuls p definiert durch

$$p := m \cdot U$$

und entsprechend dem Newtonschen Bewegungsgesetz erhalten wir

$$\begin{aligned}\frac{dp}{dT} &= \frac{d(m \cdot U)}{dT} \\ &= m \cdot \frac{dU}{dT} \\ &= F,\end{aligned}$$

woraus

$$U(T) = \frac{F}{m} \cdot T$$

folgt. Insbesondere erkennen wir, dass sich das Materieteilchen im diesem Modell mit beliebig grosser Geschwindigkeit fortbewegen kann.

(b) **Relativistisches Modell:** In der relativistischen Dynamik ist der Impuls p definiert durch

$$p := m \cdot h(U) = m \cdot \frac{U}{\sqrt{1 - U^2}}.$$

Wir erhalten

$$\begin{aligned}\frac{dp}{dT} &= \frac{d(m \cdot h(U))}{dT} \\ &= m \cdot \frac{d(h(U))}{dT} \\ &= F,\end{aligned}$$

woraus

$$h(U) = \frac{F \cdot T}{m}$$

und weiter

$$U(T) = \frac{\frac{F \cdot T}{m}}{\sqrt{1 + \left(\frac{F \cdot T}{m}\right)^2}}$$
$$\approx \frac{F \cdot T}{m} - \frac{1}{2} \cdot \left(\frac{F \cdot T}{m}\right)^3 + \frac{3}{8} \cdot \left(\frac{F \cdot T}{m}\right)^5 - \dots$$

folgt. Wir erkennen, dass immer $U(T) < 1$ und $\lim_{T \to \infty} U(T) = 1$ gilt, materielle Teilchen bewegen sich somit stets langsamer als das Licht. Die Frage, ob die Newtonsche oder die Einsteinsche Dynamik ein korrektes Abbild der Realität darstellt, wurde auf experimentellem Weg längst zugunsten von Einstein entschieden. Der amerikanische Physiker W. Bertozzi hat in den sechziger Jahren des vorigen Jahrhunderts Versuche mit Elektronen, die auf relativistische Geschwindigkeiten beschleunigt wurden, durchgeführt. Dabei wurde der Zusammenhang zwischen der kinetischen Energie und der Geschwindigkeit von Elektronen gemessen und mit den Vorhersagen des klassischen und relativistischen Modells verglichen.
(Bertozzi 1964, S. 555): *The Newtonian relation, usually adequate for the description of the motion of bodies at very low speeds, is obviously in disagreement with these high-speed data. Equally apparent is the conformity for the experimental data to the Einstein relation with its prediction of a limiting speed.*

(c) **Semirelativistisches Modell:** In der semirelativistischen Dynamik gehen wir von der klassischen Mechanik aus und nehmen an, dass die kinetische Energie $K = \frac{m \cdot U^2}{2}$ in die Trägheit des Teilchens P einfliesst und definieren den Impuls durch

$$p := m \cdot \left(1 + \frac{U^2}{2}\right) \cdot U = m \cdot \left(U + \frac{U^3}{2}\right)$$

und erhalten die kubische Gleichung

$$U^3 + 2 \cdot U - \frac{2 \cdot F \cdot T}{m} = 0.$$

Die Formel des italienischen Mathematikers Gerolamo Cardano (1501–1576) liefert die reelle Lösung

$$U(T) = \frac{\sqrt[3]{\sqrt{27 \cdot \left(\frac{F \cdot T}{m}\right)^2 + 8} + \sqrt{27} \cdot \frac{F \cdot T}{m}} - \sqrt[3]{\sqrt{27 \cdot \left(\frac{F \cdot T}{m}\right)^2 + 8} - \sqrt{27} \cdot \frac{F \cdot T}{m}}}{\sqrt{3}}$$

$$\approx \frac{F \cdot T}{m} - \frac{1}{2} \cdot \left(\frac{F \cdot T}{m}\right)^3 + \frac{3}{4} \cdot \left(\frac{F \cdot T}{m}\right)^5 - \ldots,$$

die zumindest in den ersten beiden Taylortermen mit der relativistischen Lösung übereinstimmt.

Bemerkungen

Nachdem der damals fünfzehnjährige Albert Einstein das Münchner Luitpold Gymnasium um die Weihnachtszeit 1894 kurzerhand verliess und zu seinen Eltern nach Norditalien reiste, versprach er diesen, sich ernsthaft für die Aufnahmeprüfung des Eidgenössischen Polytechnikums Zürich vorzubereiten. Trotz hervorragender Leistungen in Physik und Mathematik bestand er diese Prüfung im Oktober 1895 jedoch nicht und trat in die dritte Klasse der Gewerbeabteilung der Aargauischen Kantonsschule Aarau ein. Bereits nach einem, für Einstein äusserst glücklichen, Jahr legte er dort im Herbst 1896 die reguläre Maturitätsprüfung als Klassenbester ab.

Am 21. September 1896, morgens von 09.30 bis 11.30 Uhr, trat Albert Einstein zusammen mit seinen neun Klassenkameraden zu einer der beiden schriftlichen Prüfungen in Mathematik an (Abb. 5.8). Das gestellte geometrische Problem, siehe (Hunziker 2005, S. 30–34), führt zu einer reduzierten kubischen Gleichung

$$x^3 + p \cdot x + q = 0,$$

exakt jene Gleichungsart, die auch in der semirelativistischen Lösungsvariante der vorliegenden Aufgabe erscheint und die unter Verwendung der Formel von Cardano gelöst werden kann:

$$x = \sqrt[3]{-\frac{q}{2} + \sqrt{\left(\frac{q}{2}\right)^2 + \left(\frac{p}{3}\right)^3}} + \sqrt[3]{-\frac{q}{2} - \sqrt{\left(\frac{q}{2}\right)^2 + \left(\frac{p}{3}\right)^3}}.$$

Abgesehen von einer Ungenauigkeit und einer Begriffsverwechslung, der jugendliche Einstein vertauschte *imaginär* mit *irrational,* ist die Aufgabe korrekt gelöst und der Mathematiklehrer Heinrich Ganter (1848–1915) erteilte die Bestnote Sechs.

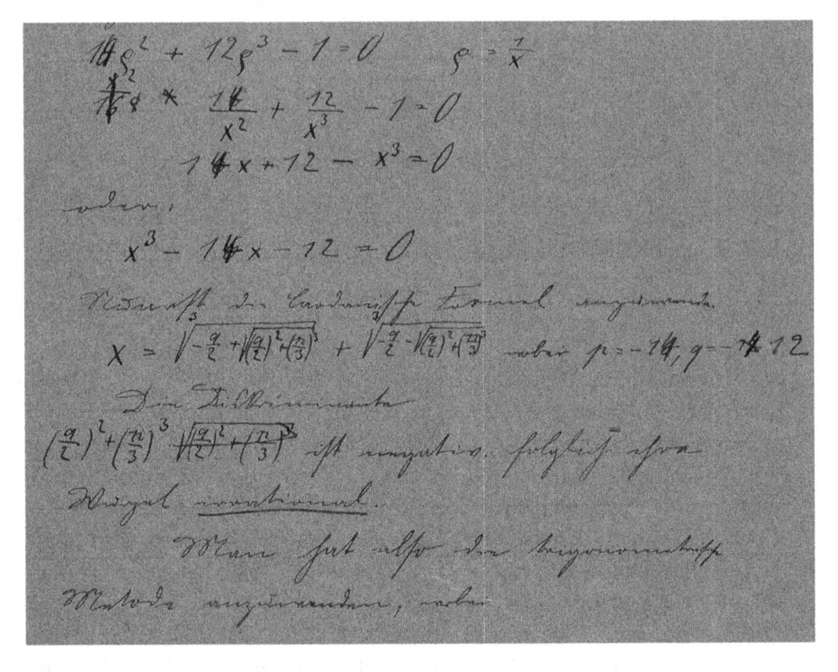

$14\varrho^2 + 12\varrho^3 - 1 = 0 \qquad \varrho = \frac{1}{x}$

$\frac{14}{x^2} + \frac{12}{x^3} - 1 = 0$

$14x + 12 - x^3 = 0$

oder:

$x^3 - 14x - 12 = 0$

Nun wird die Cardanische Formel angewandt.

$x = \sqrt[3]{-\frac{q}{2} + \sqrt{\left(\frac{q}{2}\right)^2 + \left(\frac{p}{3}\right)^3}} + \sqrt[3]{-\frac{q}{2} - \sqrt{\left(\frac{q}{2}\right)^2 + \left(\frac{p}{3}\right)^3}}$ wobei $p = -14,\ q = -12$

Die Discriminante

$\left(\frac{q}{2}\right)^2 + \left(\frac{p}{3}\right)^3$ ist negativ. folglich ihre Wurzel imaginär.

Man hat also die trigonometrische Methode anzuwenden, wobei

Abb. 5.8 Albert Einstein, Mathematikprüfung vom 21. September 1896. (Quelle: Aargauisches Staatsarchiv, Aarau)

3. **Elastischer Stoss:** Das Perzeptron $\mathcal{P}$ nimmt den *elastischen Stoss* zweier Partikel P_1, P_2 mit den Massen m_1 und m_2 wahr. Elastisch soll dabei bedeuten, dass die Massen der beteiligten Partikel beim Stossprozess unverändert bleiben. Die bekannten Teilchengeschwindigkeiten vor dem Stoss nennen wir mit U_i, jene nach dem Stoss sind gesucht und werden mit V_i bezeichnet (Abb. 5.9).

$$\begin{aligned} \text{Energie}: (1): \; & m_1 \cdot g(U_1) + m_2 \cdot g(U_2) = m_1 \cdot g(V_1) + m_2 \cdot g(V_2) \\ \text{Impuls}: (2): \; & m_1 \cdot h(U_1) + m_2 \cdot h(U_2) = m_1 \cdot h(V_1) + m_2 \cdot h(V_2) \end{aligned}$$

Durch beidseitiges Addieren der Gleichungen erhalten wir mit Gl. 5.10

$$(1'): \; m_1 \cdot k(U_1) + m_2 \cdot k(U_2) = m_1 \cdot k(V_1) + m_2 \cdot k(V_2).$$

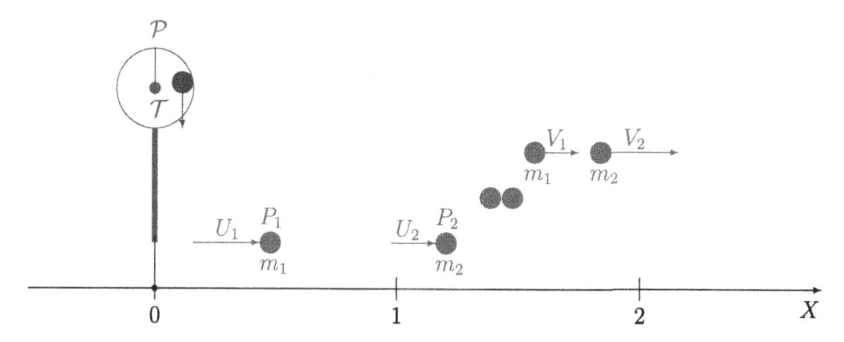

Abb. 5.9 Zentraler, elastischer Stoss

Wenn wir die quadrierte Gl. (2) von der quadrierten Gl. (1) subtrahieren und die Regel 5.12 verwenden, erhält man

$$g(U_1) \cdot g(U_2) \cdot (1 - U_1 \cdot U_2) = g(V_1) \cdot g(V_2) \cdot (1 - V_1 \cdot V_2)$$

und mithilfe von Regel 5.15

$$g\left(\frac{U_2 - U_1}{1 - U_1 \cdot U_2}\right) = g\left(\frac{V_2 - V_1}{1 - V_1 \cdot V_2}\right),$$

woraus sich die Beziehungen

$$\frac{V_2 - V_1}{1 - V_1 \cdot V_2} = \frac{U_2 - U_1}{1 - U_1 \cdot U_2} \text{ und } \frac{V_1 - V_2}{1 - V_1 \cdot V_2} = \frac{U_2 - U_1}{1 - U_1 \cdot U_2} =: \Delta U'$$

ergeben. Dabei liefert die linke Gleichung die triviale Lösung $V_1 = U_1$, $V_2 = U_2$, wir können uns deshalb auf die zweite Gleichung beschränken. Mit $\Delta U' = \frac{V_1 - V_2}{1 - V_1 \cdot V_2}$ erhalten wir

$$V_2 = \frac{V_1 - \Delta U'}{1 - \Delta U' \cdot V_1}$$

und daraus weiter

$$
\begin{aligned}
k^2(V_2) &= \frac{1+V_2}{1-V_2} \\
&= \frac{1+\frac{V_1-\Delta U'}{1-\Delta U'\cdot V_1}}{1-\frac{V_1-\Delta U'}{1-\Delta U'\cdot V_1}} \\
&= \frac{1-\Delta U'\cdot V_1+V_1-\Delta U'}{1-\Delta U'\cdot V_1-V_1+\Delta U'} \\
&= \frac{(1+V_1)(1-\Delta U')}{(1-V_1)(1+\Delta U')} \\
&= \frac{(1+V_1)(1-\frac{U_2-U_1}{1-U_1\cdot U_2})}{(1-V_1)(1+\frac{U_2-U_1}{1-U_1\cdot U_2})} \\
&= \frac{(1+V_1)(1-U_1\cdot U_2-U_2+U_1)}{(1-V_1)(1-U_1\cdot U_2+U_2-U_1)} \\
&= \frac{(1+V_1)(1+U_1)(1-U_2)}{(1-V_1)(1-U_1)(1+U_2)} \\
&= k^2(V_1)\cdot k^2(U_1)\cdot k^2(-U_2).
\end{aligned}
$$

Wir setzen nun die Gleichung

$$(2') : k(V_2) = k(V_1)\cdot k(U_1)\cdot k(-U_2)$$

in $(1')$ ein und erhalten dank des Bondikalküls erstaunlich einfache Ausdrücke für $k(V_1)$ und $k(V_2)$.

$$k(V_1) = \frac{m_1\cdot k(U_1)+m_2\cdot k(U_2)}{m_1\cdot k(U_2)+m_2\cdot k(U_1)}\cdot k(U_2) \tag{5.21}$$

$$k(V_2) = \frac{m_1\cdot k(U_1)+m_2\cdot k(U_2)}{m_1\cdot k(U_2)+m_2\cdot k(U_1)}\cdot k(U_1) \tag{5.22}$$

Für den Fall $U_i \ll 1$ erhält man die klassische Näherungslösung, indem man in Gl. 5.21 anstelle der Bondifaktoren deren erste Taylorapproximation $k(x) \approx 1 + x$ einsetzt und quadratische Terme in den Geschwindigkeiten unberücksichtigt lässt.

$$\begin{aligned}
1 + V_1 &= \frac{(m_1 \cdot (1 + U_1) + m_2 \cdot (1 + U_2))(1 + U_2)}{m1 \cdot (1 + U_2) + m_2 \cdot (1 + U_1)} \\
(m1 \cdot (1 + U_2) + m_2 \cdot (1 + U_1))(1 + V_1) &= (m_1 \cdot (1 + U_1) + m_2 \cdot (1 + U_2))(1 + U_2) \\
(m_1 + m_2 + m_1 \cdot U_2 + m_2 \cdot U_1)(1 + V_1) &= (m_1 + m_2 + m_1 \cdot U_1 + m_2 \cdot U_2)(1 + U_2) \\
(m_1 + m_2) \cdot V_1 + m_1 \cdot U_2 + m_2 \cdot U_1 &= (m_1 + m_2) \cdot U_2 + m_1 \cdot U_1 + m_2 \cdot U_2 \\
(m_1 + m_2) \cdot V_1 &= (m_1 - m_2) \cdot U_1 + 2m_2 \cdot U_2
\end{aligned}$$

Wir erhalten damit die klassische Lösung für den zentralen, elastischen Stoss.

$$V_1 = \frac{(m_1 - m_2) \cdot U_1 + 2m_2 \cdot U_2}{m_1 + m_2} \tag{5.23}$$

$$V_2 = \frac{2m_1 \cdot U_1 + (m_2 - m_1) \cdot U_2}{m_1 + m_2} \tag{5.24}$$

Will man die Geschwindigkeiten V_i exakt durch die Ausgangsgeschwindigkeiten U_i und die Massen m_i ausdrücken, ist ein erheblicher Rechenaufwand erforderlich und es entstehen wesentlich kompliziertere Ausdrücke. Wir gehen aus von der Gleichung

$$V_1 = \frac{k^2(V_1) - 1}{k^2(V_1) + 1} = \frac{k(V_1) - k(-V_1)}{k(V_1) + k(-V_1)}$$

und setzen 5.21 ein.

$$
\begin{aligned}
V_1 &= \frac{k^2(V_1)-1}{k^2(V_1)+1} \\
&= \frac{k(V_1)-k(-V_1)}{k(V_1)+k(-V_1)} \\
&= \frac{\frac{(m_1\cdot k(U_1)+m_2\cdot k(U_2))\cdot k(U_2)}{m_1\cdot k(U_2)+m_2\cdot k(U_1)} - \frac{m_1\cdot k(U_2)+m_2\cdot k(U_1)}{(m_1\cdot k(U_1)+m_2\cdot k(U_2))\cdot k(U_2)}}{\frac{(m_1\cdot k(U_1)+m_2\cdot k(U_2))\cdot k(U_2)}{m_1\cdot k(U_2)+m_2\cdot k(U_1)} + \frac{m_1\cdot k(U_2)+m_2\cdot k(U_1)}{(m_1\cdot k(U_1)+m_2\cdot k(U_2))\cdot k(U_2)}} \\
&= \frac{((m_1\cdot k(U_1)+m_2\cdot k(U_2))\cdot k(U_2))^2-(m_1\cdot k(U_2)+m_2\cdot k(U_1))^2}{((m_1\cdot k(U_1)+m_2\cdot k(U_2))\cdot k(U_2))^2+(m_1\cdot k(U_2)+m_2\cdot k(U_1))^2} \\
&= \frac{2m_1\cdot m_2\cdot k(U_1)\cdot k(U_2)(k^2(U_2)-1)+m_1^2\cdot k^2(U_2)(k^2(U_1)-1)-m_2^2(k^4(U_2)-k^2(U_1))}{2m_1\cdot m_2\cdot k(U_1)\cdot k(U_2)(k^2(U_2)+1)+m_1^2\cdot k^2(U_2)(k^2(U_1)+1)+m_2^2(k^4(U_2)+k^2(U_1))} \\
&= \frac{\frac{4m_1\cdot m_2\cdot\sqrt{1-U_1^2}\cdot\sqrt{1-U_2^2}\cdot U_2+2m_1^2\cdot U_1(1-U_2^2)+m_2^2((1+U_2)^2(1-U_1)-(1+U_1)(1-U_2)^2)}{(1-U_1)\cdot(1-U_2)^2}}{\frac{4m_1\cdot m_2\cdot\sqrt{1-U_1^2}\cdot\sqrt{1-U_2^2}+2m_1^2\cdot(1-U_2^2)+m_2^2((1+U_2)^2(1-U_1)+(1+U_1)(1-U_2)^2)}{(1-U_1)\cdot(1-U_2)^2}} \\
&= \frac{4m_1\cdot m_2\cdot\sqrt{1-U_1^2}\cdot\sqrt{1-U_2^2}\cdot U_2+2m_1^2\cdot U_1(1-U_2^2)+m_2^2((1+U_2)^2(1-U_1)-(1+U_1)(1-U_2)^2)}{4m_1\cdot m_2\cdot\sqrt{1-U_1^2}\cdot\sqrt{1-U_2^2}+2m_1^2\cdot(1-U_2^2)+m_2^2((1+U_2)^2(1-U_1)+(1+U_1)(1-U_2)^2)} \\
&= \frac{4m_1\cdot m_2\cdot\sqrt{1-U_1^2}\cdot\sqrt{1-U_2^2}\cdot U_2+2m_1^2\cdot U_1-2m_1^2\cdot U_1\cdot U_2^2+m_2^2(2U_2-2U_1-2U_1\cdot U_2^2)}{4m_1\cdot m_2\cdot\sqrt{1-U_1^2}\cdot\sqrt{1-U_2^2}+2m_1^2-2m_1^2\cdot U_2^2+m_2^2(2+2U_2^2-4U_1\cdot U_2)} \\
&= \frac{2m_1\cdot m_2\cdot\sqrt{1-U_1^2}\cdot\sqrt{1-U_2^2}\cdot U_2+(m_1^2-m_2^2)U_1+2m_2^2\cdot U_2-(m_1^2+m_2^2)U_1\cdot U_2^2}{2m_1\cdot m_2\cdot\sqrt{1-U_1^2}\cdot\sqrt{1-U_2^2}+m_1^2+m_2^2-(m_1^2-m_2^2)U_2^2-2m_2^2\cdot U_1\cdot U_2}
\end{aligned}
$$

Wir erhalten damit die relativistischen Endgeschwindigkeiten V_i für den elastischen, zentralen Stoss zweier Partikel (Abb. 5.8 und 5.9).

$$
V_1 = \frac{2m_1\cdot m_2\cdot\sqrt{1-U_1^2}\cdot\sqrt{1-U_2^2}\cdot U_2+(m_1^2-m_2^2)U_1+2m_2^2\cdot U_2-(m_1^2+m_2^2)U_1\cdot U_2^2}{2m_1\cdot m_2\cdot\sqrt{1-U_1^2}\cdot\sqrt{1-U_2^2}+m_1^2+m_2^2-(m_1^2-m_2^2)U_2^2-2m_2^2\cdot U_1\cdot U_2} \tag{5.25}
$$

$$
V_2 = \frac{2m_1\cdot m_2\cdot\sqrt{1-U_1^2}\cdot\sqrt{1-U_2^2}\cdot U_1+(m_2^2-m_1^2)U_2+2m_1^2\cdot U_1-(m_1^2+m_2^2)U_2\cdot U_1^2}{2m_1\cdot m_2\cdot\sqrt{1-U_1^2}\cdot\sqrt{1-U_2^2}+m_1^2+m_2^2-(m_2^2-m_1^2)U_1^2-2m_1^2\cdot U_1\cdot U_2} \tag{5.26}
$$

Was Sie aus diesem *essential* mitnehmen können

- Einsichten über Mechanismen des Wahrnehmens und Erkennens
- Kenntnisse über einen einfachen, originellen Zugang zur Relativitätstheorie
- Ein vertieftes Verstehen der Grundlagen der speziellen Relativitätstheorie
- Die Fähigkeit mit einer Begriffsbildung und einer korrespondierenden Notation umzugehen, die akkurat auf die typischen Situationen der SRT zugeschnitten sind
- Hinweise und Ideen, die zu weiterem Nachdenken über die Relativitätstheorie anregen

H. Hunziker, *Bondifaktoren*, essentials,
https://doi.org/10.1007/978-3-658-32298-4

Literatur

Sander Bais, *Very Special Relativity*, Amsterdam University Press, 2007
Aaron Bernstein, *Naturwissenschaftliche Volksbücher*, Achter Band, Verlag Franz Duncker, Berlin, 1870
William Bertozzi, *Speed and Kinetic Energy of Relativistic Electrons*, American Journal of Physics 32, 551, 1964
Hermann Bondi, *Relativity and Common Sense*, Dover Publications, Mineola, New York, 2012
Percy W. Bridgman, *A Sophisticate's Primer of Relativity*, Wesleyan University Press, Middletown, Connecticut, 1984
Albert Einstein, *Mein Weltbild*, Europa Verlag, Zürich, 1953
Albert Einstein, *Über die spezielle und die allgemeine Relativitätstheorie*, Akademie-Verlag, Berlin, 4. Auflage, 1977
Albert Einstein, *Aus meinen späten Jahren*, Deutsche Verlags-Anstalt, Stuttgart, 1. Auflage, 1952
Albert Einstein, *The Collected Papers of Albert Einstein*, Vol. 1, Princeton University Press, 1987
Albert Einstein, *The Collected Papers of Albert Einstein*, Vol. 2, Princeton University Press, 1989
Albert Einstein, *The Collected Papers of Albert Einstein*, Vol. 15, Princeton University Press, 2018
Moses Fayngold, *Special Relativity and How it Works*, WILEY-VCH Verlag GmbH & Co. KGaA, Weinheim, 2008
Albrecht Fölsing, *Albert Einstein – Eine Biographie*, Suhrkamp Verlag, Frankfurt am Main, 1994
Galileo Galilei, *Dialog über die beiden hauptsächlichsten Weltsysteme*, B.G. Teubner, Stuttgart, 1982
Domenico Giulini, *Special Relativity – A First Encounter*, Oxford University Press, New York, 2005
Ursula Goldmann, *Appell an das Publikum*, Akademie Verlag GmbH, Berlin, 2004
Richard L. Gregory, *Eye and Brain - the Psychology of Seeing*, Princeton University Press, fifth edition, Princeton, 1997
Herbert Hunziker (Hrsg.), *Der jugendliche Einstein und Aarau*, Birkhäuser, Basel, 2005

H. Hunziker, *Bondifaktoren*, essentials,
https://doi.org/10.1007/978-3-658-32298-4

Herbert Hunziker, *Albert Einstein und die Aargauische Kantonsschule*, FOKUS ANG, Nr. 2, Aarau, 2013

Max Jammer, *Concepts of Simultaneity*, The Johns Hopkins University Press, Baltimore, 2006

Th. Müller-Wolfer, *Die Aargauische Kantonsschule in den vergangenen 150 Jahren*, H.R. Sauerländer & Co., Aarau, 1952

Emil Ott, *Albert Einstein und seine Klassenkameraden*, Aargauer Tagblatt vom 14.06.1952, Aarau, 1952

Robert Resnick, *Einführung in die spezielle Relativitätstheorie*, Ernst Klett Verlag, Stuttgart, 1976

Wolfgang Rindler, *Introduction to Special Relativity*, Oxford University Press, second edition, 1991

Franziska Rogger, *Einsteins Schwester*, Verlag Neue Zürcher Zeitung, Zürich, 2005

Carl Seelig (Hrsg.), *Helle Zeit - Dunkle Zeit*, Zürich, 1956

Roman Sexl, Herbert K. Schmidt, *Raum – Zeit – Relativität*, Vieweg, 4. Auflage, 2000

Heinrich Staehelin, *Die Alte Kantonsschule Aarau 1802–2002*, AT Verlag, Aarau, 2002

August Tuchschmid (Hrsg.), *Festschrift zur Eröffnung des neuen Kantonsschulgebäudes in Aarau*, H.R. Sauerländer & Co., Aarau, 1896

Hermann Weyl, *Raum – Zeit – Materie*, Wissenschaftliche Buchgesellschaft, Darmstadt, 6. unveränderte Auflage, 1961

Printed in the United States
By Bookmasters